Die Aufforstung

der öden

Ebenen und Berge Deutschlands

von

F. von Bodungen,

Kaiserlichem Oberförster zu Schloß Lützelstein im Elsaß.

Straßburg,
Verlag von Karl J. Trübner
1881.

Straßburg, Buchdruckerei H. L. Kayser.

Inhaltsverzeichniß.

Allgemeiner Theil.

Besonderer Theil.

Der Wald erlangt mehr und mehr die ihm gebührende hohe Bedeutung, nicht nur als Vorrathskammer für Nutz- und Brennholz, sondern auch für die Landescultur und für manche andere den Staats- und Volkswohlstand bedingende Verhältnisse. Schon Alexander v. Humboldt sagte: „Wie kommen mir doch die Menschen so thöricht vor, wenn sie die Wälder rücksichtslos niederschlagen; denn dadurch bringen sie sich um Holz und Wasser". Damals wurde durch historische Nachweise auf die schädlichen Folgen größerer Entwaldungen aufmerksam gemacht. Der Neuzeit ist es vorbehalten geblieben, die Rolle des Waldes wissenschaftlich mit ziffermäßiger Genauigkeit nachzuweisen und zu dem Zwecke den Weg exacter Forschung einzuschlagen. Umfassende Beobachtungen der letzten Jahre haben in dieser Richtung höchst wichtige Resultate geliefert, die nicht bloß v. Humboldt's Theorie vollständig bestätigen, sondern noch zu weitergehenden Schlußfolgerungen führen.

Die Rolle des Waldes im großen Naturhaushalt ist in den letzten Jahren in der Literatur, in Vereinen und Landesvertretungen so ausführlich behandelt worden, daß wir uns auf die wesentlichsten Punkte dieser Frage beschränken.

Ueber den Einfluß des Waldes auf die Temperatur eines Landes hat Professor Ebermayer[1]) wichtige Re-

[1]) Die physischen Einwirkungen des Waldes auf Luft und Boden und seine klimatische und hygienische Bedeutung. 1873.

sultate der Beobachtungen auf den Versuchsstationen in Bayern ermittelt. Daraus folgt, daß in waldreichen Ländern im Sommer die mittlere Tagestemperatur der Luft, noch mehr aber die des Bodens geringer ist, als in waldarmen Gegenden von gleicher Lage. Durch Ausrodungen der Wälder würde demnach im Sommer nicht bloß die Luft, sondern vorzugsweise auch die mittlere Bodentemperatur wesentlich erhöht, womit eine raschere Verdunstung des Wassers, also auch geringere Bodenfeuchtigkeit verbunden ist.

Ueber den Einfluß des Waldes auf den Wassergehalt der Luft hat sich ergeben, daß der Wald nicht nur in der jährlichen Periode, sondern auch in den einzelnen Jahreszeiten fast gar keinen Einfluß auf den absoluten Feuchtigkeitsgehalt der Luft hat, daß aber der Wald trotz gleicher absoluter Feuchtigkeit stets relativ feuchter ist als die Luft im Freien. Somit wirkt der Wald auf die Feuchtigkeitsmenge nur in sofern ein, als er den relativen Wassergehalt der Luft vermehrt und dieselbe ihrem Sättigungspunkte näher führt, so daß also bei eintretender Temperaturerniedrigung im Walde eine theilweise Ausscheidung des Wassers leichter und in größerer Menge stattfindet, als auf dem unbewaldeten Terrain. Dieser wohlthuende Einfluß des Waldes zeigt sich wieder im Sommer weitaus am stärksten.

Die feuchte Luft, welche der Wald seiner Umgebung spendet, vermindert auch die nächtliche Ausstrahlung und damit die Früh- und Spätfröste, welche im trockenen Klima so häufig vorkommen. Eng damit verwandt ist der Einfluß des Waldes auf die Regenmengen.

Auf Grund seiner Untersuchungen spricht nun Ebermayer folgendes Resultat aus: In Ebenen von gleichem Character ist der Einfluß des Waldes auf die Regenmenge jedenfalls sehr gering und hat auch auf die procentische Regenvertheilung keinen Einfluß. Mit der Erhebung über die Meeresoberfläche nimmt die Bedeutung des Waldes bezüglich seines Einflusses auf die Regenmenge zu, er hat deßhalb im Gebirge einen größeren Werth, als in Ebenen. Im Sommerhalbjahr ist die Einwirkung des Waldes auf die Regenmenge viel größer als im Winter. Für heiße südliche Länder ist er bedeutungsvoller als für kalte; im Innern der Continente, wo die Luftfeuchtigkeit und die jährliche Regenmenge sich verringert, die sommerliche Erhitzung sich steigert, spielt er eine wichtigere Rolle als in Küstengegenden. Daher können Irland und Großbritannien den Wald leichter entbehren, als Deutschland oder noch weniger Rußland.

Ueber den Einfluß des Waldes auf die Bodenfeuchtigkeit ist von Ebermayer festgestellt, daß die Regenmenge, die zum Boden wirklich gelangt, durch den Waldbestand natürlich gemindert wird, aber nicht in dem Maße, als im freien Felde. Zunächst dringt in einer waldlosen Gegend viel weniger Wasser in den Boden ein als im Walde, wo die Moospolster, Laub- und Nadelabfälle ꝛc. gleich einem Schwamme alles niederfallende Atmosphärwasser begierig auffaugen und größtentheils dasselbe durch die lockere Dammerde und durch die zahlreichen Erdspalten des Wurzelwerks langsam an den Boden abgeben. Ferner spannt das grüne Zelt der Baumkronen sich beschattend über den Waldboden und hält von ihm die austrocknenden Sonnenstrahlen und Winde ab. Dann hat auch der Wald und seine Streudecke auf die Verdunstung des Bodenwassers einen enormen Einfluß [1]), so daß der Wald schon an und für sich als ein großer Wasserbehälter für die umliegende Gegend betrachtet werden muß. [2])

---

[1]) Nach Ebermayer ist die Verdunstung des Bodenwassers im Walde um 85% geringer, als auf nicht bewaldetem Boden.

[2]) Das Bodenwasser ist für die Cultur von großer praktischer Bedeutung. Denn Wasser ist das nothwendigste Lebensbedürfniß aller Pflanzen und eine jede Pflanze verbraucht davon während ihres Lebens eine gewisse, im Verhältniß zu ihrem Gewichte bedeutende Quantität, welche sie fast ausschließlich aus dem Boden bezieht. Bei mehr oder minder großem Wassermangel geht die Pflanze entweder zu Grunde oder sie fristet ihr Leben, entwickelt sich kümmerlich und kann nur wenig produciren. Wenn ein Boden noch so reich ist an aufnehmbaren Pflanzennährstoffen, wenn der Pflanze auch das zur Vollendung

Der Wald trägt aber nicht allein zur Erhaltung der Bodenfeuchtigkeit, sondern auch zur Speisung der Quellen und Wasserläufe bei.

Alexander v. Humboldt sagt: „Ausrodung von Wäldern, namentlich auf Bergen und Höhen, ist gleich direkter Zerstörung der Wasserleitungen des Himmels".

Masius: „Der Wald ist der große Wasserspeicher der Länder. Ebenso wie in die Erde, ist er auch in die Luft gepflanzt, in sie greift er hinauf, und wie der Blitzableiter den Blitz, so zieht er die Wolken zu sich hinab, fängt mit seinen grünen Armen Regen und Schnee, häuft sie in seine Kammern und läßt sie, Leben und Gedeihen verbreitend in Quellen und Bächen oder in Nebel und Gewölk wieder in die fruchtbaren Ebenen hinausziehen".

Der Einfluß des Waldes auf die Speisung der Quellen ist leicht erklärbar, wenn man die Entstehung der Wasseradern auf der Erdoberfläche verfolgt. Sobald die Regen niederfallen, Schnee und Hagel schmelzen, sickert ein Theil ihres Wassers, wenn der Boden locker ist, durch seine Zwischenräume ein, dringt bis auf eine undurchlassende Schicht abwärts, sammelt sich dort und tritt endlich an einer geeigneten Stelle wieder als Quelle zu Tage. Je weniger die Oberfläche des Bodens geneigt ist, desto reichlicher wird das niederfallende Atmosphärwasser einsickern. Vor Allem aber muß der Wald mit seiner Kräuter-, Moos-, Laub-, Nadel- und Humusdecke, sowie mit seiner dichten und tiefgehenden Wurzelverzweigung der Bildung von Quellen ungleich förderlicher sein, als das waldlose Gebiet, schon deßhalb, weil hier der Boden weit geringere Absorptionsfähigkeit besitzt und durch die direkte Einwirkung der Winde und Sonnenstrahlen schnell austrocknet und auszehrt.

Für die Gebirgsgegend hat die Walddecke in ihrem Einfluß auf die Quellenbildung zwar die größte Bedeutung, allein auch für die Niederungsgegend ist die Wichtigkeit

---

ihres Lebenslaufes erforderliche Maß von Wärme und Luft geboten ist, so wird ihr Wachsthum bei Mangel an Feuchtigkeit doch gering sein.

des Waldes in dieser Beziehung nicht zu verkennen. Hier sind die oberen Schichten des Bodens aus An- und Ueberschwemmungsgebilden zusammengesetzt, welche leicht austrocknen und ohne Bewässerung unfruchtbar sind. Daß die Waldungen solcher Landstrecken auf das Quell- und Bodenwasser günstig einwirken, dürfte wol durch die Thatsache des Sinkens des Grundwasserspiegels und der Zunahme der Bodentrockenheit in den entwaldeten Gegenden allbekannt sein.

Dr. Burckhardt schreibt in dieser Beziehung am 5. März 1876 an Hofrath Wex in Wien: „Was Sie über die Quellen mittheilen, ist mir aus der Seele gesprochen. In meiner Eigenschaft als erster Forstbeamter der hiesigen Provinz, des früheren Königreichs Hannover, durchwandere ich seit mehr als einem Vierteljahrhundert namentlich das einst reich bewaldete, jetzt waldarme Tiefland oder die Heiden Hannovers, vom alten Küstenlande (den Bergen) bis zur Nordsee und kann davon nachsagen, wie außerordentlich die Wasserverhältnisse sich geändert haben. Viele Rinnen, einst Quellen und Quellwasser führend, sind ausgetrocknet und statt graswüchsig, jetzt heidewüchsig. Das Quell- und Bodenwasser stand hier einst so, daß Erlen und Buchen wuchsen, jetzt hat die Kiefer ihre Noth. Der Hecht aus den kleinen Gewässern und Pfützen ist verschwunden, weil diese selbst ausgetrocknet sind. In Folge von Zusammenlegung landwirthschaftlicher Grundstücke gezogene Gräben haben hier und da zwar mitgewirkt, man kann aber nicht zweifelhaft sein, daß die Entwaldung die Hauptursache der Verminderung des Quell- und Bodenwassers ist."

Aus alten Urkunden läßt sich nachweisen, daß die Geestgegenden des nordwestlichen Deutschlands früher reich bewaldet waren. Aus dem Volksmunde hörte man vielerseits dort: „Einst gab es so viel Wald, daß meilenweit das Eichhörnchen von einem Zweig zum anderen springen konnte, ohne die Erde zu berühren." Die theilweise vorhandenen Eichen-Krüppelbüsche, im Lüneburgischen „Stühbusch", in Dänemark „Krat" genannt, stammen aus sehr alter Zeit. An den Rändern der jetzt trockenen Wasserrinnen und Seebecken finden sich hier und dort noch Spuren von Erlenstöcken. Viele hohe, dürre Heiden zeigen deutlich den Lauf alter Ackerstücke, so hoch aufgeflügt, daß es zu jener Zeit feuchter gewesen sein mußte. In den Hochmooren finden wir oft sehr starke Baumstämme, ja zuweilen ganze Waldbestände in einer Weise begraben, aus welcher hervorgeht, daß vormals dort sogar eine üppige Vegetation sich entfalten konnte. Nach Cäsar und anderen römischen Schriftstellern war ganz Deutschland vormals mit unermeßlichen Waldungen bedeckt. Viele Bergeshänge, jetzt nackt und kahl, fast jeglicher Vegetation beraubt, sind ohne Zweifel bewaldet gewesen. Mit dem Schatten und dem Schutz des Waldes schwand die Humusdecke, jeder Sturzregen spülte die Erdkrume abwärts, bis zuletzt nichts mehr gedeihen konnte. Am leichtesten wurde der Wald auf schwachem Boden zerstört.

Was die Quellen in Bezug auf ihre Abhängigkeit von den Wäldern im Kleinen, dasselbe zeigen die Flüsse und Ströme im Großen. Eine Quelle kommt zur andern, und es entsteht der Fluß, in dem natürlich die Extreme, zeitweiliger Wasserüberfluß und Wassermangel, sich stärker berühren. Seitdem die Wälder verschwunden, oder über alle Gebühr gelichtet worden, sind einerseits die Ueberschwemmungen der Flüsse furchtbarer als je hervorgetreten, andererseits hat sich darin die Abnahme der niedrigen und der mittlern Wasserstände mehr und mehr als bedenklich erwiesen.

Berghaus behauptete schon vor 35 Jahren, jedoch ohne näheren Beweis, daß in den Quellen, Flüssen und Strömen eine Wasserabnahme stattgefunden habe. Wex glaubt nun in einer wichtigen Abhandlung, welche in der Zeitschrift des österreichischen Ingenieurvereins 1873 niedergelegt ist, mit Benutzung der Wasserstandstabellen des Rheins, der Elbe, der Oder, der Weichsel und der Donau, sowie durch sonstige Nachweisungen den Beweis geliefert zu haben: daß in den letzten Zeitperioden die Wasservorräthe in den unterirdischen Reservoirs und in den wasserführenden Schichten geringer geworden sind; ferner, daß viele zu Tage tretende Seichwässer und Quellen theils ganz versiegt sind, theils sehr geringe Wassermengen liefern;

endlich daß vorzüglich aus diesem Grunde in den Bächen, Flüssen und Strömen die niedrigen und die mittleren Wasserstände immer tiefer sinken, sonach auch die in diesen Wasserläufen abfließenden Wasserquantitäten fortwährend abnehmen. Bezüglich der Hochwässer in den vorgenannten Strömen stellt derselbe zugleich klar, daß dieselben durchgehends in den letzten Zeitperioden weit häufiger und auch bedeutend höher anschwellen, als dies in den früheren Perioden der Fall war, daß daher in diesen Strömen gegenwärtig zur Zeit der Hochwässer auch weit größere Wasserquantitäten abströmen, als in den früheren Zeitperioden. Aus den graphischen Darstellungen macht er ferner ersichtlich, daß in den frühern Zeitperioden die Anschwellungen der Hochwässer in den aufeinanderfolgenden Jahren mehr gleichförmig waren.

Wex findet die Ursachen der Abnahme des Wasserreichthums der fließenden Gewässer in der fortschreitenden Ausrodung der Wälder, der Austrockung der Teiche und Moore, in der Cultivirung früher unbebauter Landstriche und Ausdehnung künstlicher Wiesen- und Bewässerungsanlagen, endlich in der gesteigerten Consumtion von Seiten der Menschen und Nutzthiere (? !). Dem fügen wir noch folgende Ursachen hinzu: die Streu- Ausraubung des Waldbodens, die Umwandlung der Waldungen von Laub- in Nadelholz, namentlich in Fichten, sowie insbesondere die Sorglosigkeit und Habgier der Menschen.

Erwähnenswerth ist hier noch folgende Stelle in dem vorbezeichneten Schreiben des Dr. Burckhardt: „Am Harz, wo Torfmoore die Kunstgräben der Quellenwässer speisen, weiß man zu gut schon, woher es kommt, daß die Sammelteiche nicht mehr Stich halten. Die Entwässerung der Moore ist der Grund[1]). Um für viel Geld geringen

---

[1]) Die Moore sind für den Haushalt der Natur dadurch von Wichtigkeit, daß sie große Wassermassen aufsaugen und lange festhalten. Besonders wenn sie auf Bergen liegen, speisen sie die mit ihnen in Verbindung stehenden Bäche und Flüsse, selbst wenn bei eintretender Dürre die eigentlichen Quellen schon versiegt sind. Der Verf.

Holzertrag zu erzielen, zerstörte man die unendlich wichtigen Wasserbehälter. Das ist nun zwar eingestellt und in den kahl gewordenen Heiden arbeite ich im zweiten Hunderttausend Morgen neu geschaffenen Waldes".

Wo man nur hinblickt, sieht man unsinnige Trockenlegungen. Es gibt Menschen, denen jede Pfütze ein Gräuel ist. Statt solche mit Erlen, Weiden 2c. zu bepflanzen, oder sie zu Teichen mit ergiebiger Fischzucht umzugestalten, werden dieselben der Art entwässert, daß in und außerhalb der Flächen der Pflanzenwuchs verkümmert. Wie lange wird es währen, daß diese Entwässerungswuth gebrochen ist?

Wichtig ist ferner der Einfluß des Waldes auf die Erhaltung der Erdkrume an Bergen und Abhängen. Wir überzeugen uns täglich, wie der Boden durch die geneigte Lage in seiner Erhaltung gefährdet ist. Nur eine genügende Decke und dichte Durchwurzelung kann ihn schützen. Dies thut der gut bestockte Wald in hohem Masse. Ueber dem waldbedeckten Boden bilden zunächst die Baumkronen mit ihrer Verzweigung und Belaubung einen Schirm gegen den niederfallenden Regen, wodurch diesem die Wucht seines je nach der Höhe mehr oder minder beschleunigten Falles gebrochen wird und derselbe tropfenweise zur Erde gelangt. Sodann bildet die Streudecke einen neuen Aufenthalt. Endlich leitet das Wurzelgeflecht die Wässer langsam in die Bodenkrume, von wo sie weiter in das mehr oder weniger zerklüpftete Grundgestein eindringen. Wo aber die Walddecke fehlt, da fällt der Regen mit voller Wirkung seiner beschleunigten Geschwindigkeit zu Boden und stürzt, dem stärkeren oder schwächeren Gehänge entsprechend, mehr oder minder rasch nach abwärts; da schmilzt gleichfalls bei Thauwetter die Schneedecke in viel kürzerem Zeitraum und sendet viel größere Wassermassen plötzlich in die Thäler; da fehlt auch die Hauptwiderstandskraft der Bodenkrume gegen die rastlos thätige Macht der Wässer, das Wurzelgeflecht, und ein rasch sich entwickelnder, heftiger Gewitterregen genügt, um ganze Massen des bindungslosen Erdreiches fortzuschwemmen. Mit der Entblößung des Bodens dringt zudem die Kälte tiefer in denselben ein, und bei der dadurch hervorgerufenen größeren Lockerung wächst die Gefahr des Abschwemmens. Hat im Gebirge die wegschwemmende Thätigkeit der atmosphärischen Niederschläge einmal eine gewisse Grenze überschritten, dann geht es mit der Verwüstung rasch vorwärts. Das bei Gewittern und anhaltenden Regengüssen von den Bergen herabfließende Wasser findet kein nachhaltiges Hinderniß mehr, es bildet sich zu Strömen aus, die Erdreich, Steingerölle, Felsstücke 2c. mit sich fortreißen, Durchbrüche veranlassen und die unteren Gegenden nicht nur rapide überschwemmen, sondern auch mit den fortgeführten Sand-, Kies- und Steinmassen überschütten.

Wessely[1]) sagt: „Höchst merkwürdig ist der Verlauf der Verödung von rücksichtslos kahl geschlagenen Wäldern, deren Wiederaufforstung vernachlässigt wird. Kaum ist der Boden bloß gelegt, so beginnen die Wässer ihr Spiel mit dem Abschwemmen und Einreißen, und zur Verzehrung der obersten Humuslage hilft eine vorübergehende Grasvegetation mit. So wird von allen steilen Stellen die ganze Krume nach und nach bis auf den nackten Fels abgespült, und Erde und Vegetation verbleiben nur auf jenen kleinen Absätzen und Vertiefungen, welche den Abfall allenthalben unterbrechen. Einen ganz gleichen Gang nimmt die Verödung auf jenen steilen Hängen, deren Untergrund Gebirgsschutt ist. Die Verödung wird auch wesentlich befördert durch die Aufarbeitung und Abbringung des geschlagenen Holzes, wobei der Boden vielfach aufgerissen und gelockert wird, noch mehr aber durch die nachfolgende Viehweide, indem der Fuß, besonders des schweren Viehes, die Erde (bei nassem Wetter) heruntertritt und damit die Abschwemmung vielfach begünstigt und die Rasenbildung wesentlich beirrt".

Landolt[2]) erhebt folgenden Nothruf: „Die immer häufiger werdenden Bergstürze und Erdabrutschungen, das

---

[1]) Die österreichischen Alpenwälder und ihre Forsten, Wien 1853.

[2]) Denkschrift des schweizerischen Forstvereins an die eidgenössische Landesregierung, 1856.

Abnehmen und gänzliche Versiegen der Quellen, das schnelle Anschwellen und Abnehmen der Flüsse, die Ausfüllung ihrer Betten mit Geschieben und die so oft wiederkehrenden Verheerungen durch die austretenden Gewässer sind Erscheinungen, welche nicht nur den Gebirgsbewohnern, sondern auch denjenigen der fruchtbaren Thäler Verderben bereiten und laut um Abhilfe rufen".

Die Grenze, bis zu welcher im Gebirge keine Erdabrutschungen und Abschwemmungen zu befürchten stehen, läßt sich nicht bestimmen; dieselbe hängt vielmehr allemal von den Standortsverhältnissen ab. Eding[1]) gibt vor, daß nach gemachten Erfahrungen eine Böschung von 15° bewaldet sein müsse, um Erdabrutschungen zu verhindern; mit der größeren Steilheit wachse die Gefahr in unberechenbarem Umfange.

Der Einfluß des Waldes erstreckt sich auch auf die Stärke der Luftströmungen, denn derselbe bricht die Gewald der Winde, indem er mit seinen zahllosen aufragenden Baumgipfeln dem zumeist an der Erdoberfläche dahinstreichenden stärksten Windstrome kräftigen Widerstand entgegensetzt und damit seine Stoßkraft wenigstens theilweise schwächt. Er bildet daher für seine Umgebung offenbar ein Schutzwerk, wie besonders die von der Bora heimgesuchten nordöstlichen Küstenstriche am adriatischen Meere beweisen, von welchen mit Recht behauptet wird, daß dort dieser so sehr gefürchtete Wind in dem Maße an Heftigkeit zugenommen habe, als die Wälder vermindert worden sind. Wir müssen aber auch die Feuchtigkeitserhaltung zum überwiegend größeren Theile dem Schutze zuschreiben, welcher der Wald dem Boden gegen den Wind bietet, wie Nordwestdeutschland die Zerstörung der Wälder jetzt in den dörrenden Ostwinden zu büßen hat, welche aus der baumleeren russischen Ebene die ausgetrockneten Luftsäulen herführen. Im Flachlande ist zudem allein der Wald im Stande, den Flugsand zu festigen und das Ueberwehen ackerbarer Grundstücke mit demselben zu hindern, sowie er an den Meeresufern die Dünen bindet.

---

[1]) Die Rechtsverhältnisse des Waldes, 1874.

Ebenso übt der Wald einen wesentlichen Einfluß auf die Beschaffenheit der Luft aus, indem er den Kreislauf des Sauerstoffs und Kohlenstoffs dadurch vermitteln hilft, daß die Pflanzen, und vorzugsweise der Wald, die Kohlensäure, das Gift der Lunge, der Luft entnehmen, die Kohle derselben als Holz anlegen und den Sauerstoff an die Luft wieder abgeben.

Der Einfluß des Waldes auf die Gesundheit des Menschen ist in der Literatur vielseitig behandelt. Eingehend bespricht Albert [1]) in seinem Lehrbuche der Staatsforstwissenschaft den Einfluß des Waldes auf Boden und Klima und für das materielle und geistige Wohlbefinden des Menschen auf Seite 8 bis 126. Manche interessante eigene ärztliche Beobachtungen bietet auch die Schrift vom Professor Dr. Hennig. [2])

Wir wollen vollkommen zugeben, daß auf entwaldeten Höhenzügen und auf ausgedehnten Steppen unter Umständen die kalten und trockenen Winde die Ursache von Krankheiten sein können [3]); allein es scheint uns eine Engherzigkeit für die Erhaltung des Waldes im Interesse der Gesundheit nicht begründet, um so weniger, da wir sowol inmitten der unabsehbaren nordwestdeutschen Moor- und Haidegegenden, als auch auf den deutschen Sennereien einen kräftigen und gesunden Menschenschlag finden. Es wird vorgegeben, daß häufig die Ausrodung der Waldungen das Entstehen von Versumpfungen zur Folge habe, die der Gesundheit sehr nachtheilig werden könnten; aber dies kann sich nur auf landwirthschaftlich fruchtbare Niederungsgegenden beziehen, die ohnehin nach volkswirthschaftlichen Grundsätzen zu Acker- und Wiesenland umgewandelt

---

[1]) Wien, 1875.

[2]) Beiträge zur Begründung des Einflusses der Wälder auf das Wohl der Bevölkerung, Leipzig, 1872.

[3]) Auf den Landstrich „les Landes" südlich von Bordeaux, wo vor kurzer Zeit Farren, Ginster und Heide eine Ortsteinwüste von 800,000 ha bedeckten, soll seit der Bewaldung die mittlere Lebensdauer von 35 auf 39 Jahre gestiegen sein.

werden müßten, während Hoch-, Heide- oder Moosmoore nicht für die Gesundheit des Menschen verderblich werden.

Der Sauerstoff in der Luft, durch welchen wir leben, muß sich zwar mit der Entwaldung örtlich mindern; es ist jedoch der Luftraum um unsere Erde ein so gewaltiger, daß er nicht durch diese örtliche Minderung des Sauerstoffs bezw. Vermehrung der Kohlensäure in der gesetzmäßigen Verbindung der Luft sich wesentlich verändern und gesundheitsschädlich werden kann.

Von größerer Bedeutung ist der Einfluß des Waldes auf die Fruchtbarkeit eines Landes, wie schon aus dem Vorgehenden erhellet.

Obwol es eine Menge anderer Einflüsse gibt, welche an der Fruchtbarkeit des Bodens einen maßgebenden Antheil haben, so fällt doch dem Walde in dieser Beziehung eine hervorragende Rolle zu, indem derselbe, wie wir gesehen, weit über seinen Standort hinaus nicht bloß die Temperatur- und Witterungs-Extreme, sowie die starken und ausdörrenden Luftströmungen mäßigt, sondern auch auf die Erhaltung der Bodenfeuchtigkeit und Speisung der Quellen, nicht minder auf die Bodenerhaltung in den Gebirgen in einem hohen Grade einwirkt.

Der Wald gibt insbesondere dem benachbarten Lande eine große Menge des erquickensten Thaues. Die mit Feuchtigkeit geschwängerten Luftschichten über dem Walde senken sich am stillen kühlen Abend als Nebel in das Thal und am Morgen befruchtet der Thau Aecker und Wiesen. Wie an den Küstengegenden die Meeresdünste, so sorgen die Waldesdünste im Binnenland durch die Bewässerung des Bodens für dessen Fruchtbarkeit.

Die fruchtbarsten Länder haben sich in Steppen verwandelt. Der Boden Griechenlands, Siciliens, Spaniens vermag jetzt nur nothdürftig kaum die Hälfte der ehemaligen Bevölkerung zu ernähren. Mit Recht spricht Liebig diesen Rückgang in der Fruchtbarkeit dem Raubbau — dem nicht geleisteten Ersatz der in den Ernten entzogenen Bestandtheile — zu; aber als wesentlich mitwirkend ist entschieden die Entwaldung zu bezeichnen, wie nicht bloß die Geschichte der ehedem blühenden und jetzt armen Länder bekundet, sondern auch thatsächlich feststeht, daß ganz besonders in entwaldeten Gegenden die Ausdehnung des ertragfähigen Bodens mehr oder minder ersichtlich abnimmt.

Wenn über manche Punkte in dieser Beziehung noch Zweifel bestehen, so werden die Versuchsstellen über kurz oder lang uns darüber Aufklärung geben [1]); unzweifelhaft ist der Wald den Gesetzen der Natur gemäß geschaffen und für das Culturleben der Menschheit von nicht zu unterschätzender Bedeutung, was für die gedeihliche Entwickelung eines Volkes immer treu und gewissenhaft beherzigt werden sollte.

Fr. Schnitthenner [2]) sagt: „Die Wissenschaft, durch die Erfahrung als strenge Zucht- und Lehrmeisterin zurechtgewiesen, ist zu der Erkenntniß gekommen, daß die Waldungen nicht bloß ein Nationalkapital sind, das man nicht leichtsinnig verschwenden darf, sondern ein unentbehrliches Organ in dem System der Nationalökonomie, an dessen Substanz zu tasten ein Frevel ist an den heiligsten Interessen des Volkes 2c“.

„Die Waldungen sind in der großen Haushaltung der Natur die Magazine des Kohlenstoffs, die Schutzgewölbe des Lebens, die Organe, welche die Wechselwirkung zwischen der Erdoberfläche und der Atmosphäre vermitteln. Viele Länder tragen allbekanntlich schon die Strafe ihrer übermäßigen Lichtung und Rodung“ 2c.

„Wie die Waldungen, die unsere Gebirge bedecken, bei unsern Vorfahren den Göttern heilig waren, so müssen

---

[1]) Außer in Bayern 2c. befinden sich in Preußen, Elsaß-Lothringen und Braunschweig z. B. 14 forstlich-meteorologische Stationen, welche mit der Hauptstation des forstlichen Versuchswesens zu Eberswalde in Verbindung stehen, deren Zweck darauf gerichtet ist, vergleichende Beobachtungen anzustellen über die Temparatur der Luft in den Wäldern gegenüber der auf freiem Felde, den Feuchtigkeitsgehalt der Luft, die Wasserverdunstung und die Bodentemperatur in verschiedenen Tiefen des Bodens in und außerhalb des Waldes.

[2]) Ueber Pauperismus und Proletariat. S. 26—30.

sie wieder den Mächten, welche den Wohlstand des Volkes schützen, geweiht bleiben".

Hören wir auch den großen Social-Politiker Riehl:[1] „Der Wald hat nicht bloß einen wirthschaftlichen, sondern auch einen social-politischen Werth 2c. Es ist eine matte Defensive, welche die Fürsprecher des Waldes ergreifen, wofern sie lediglich aus ökonomischen Gründen die Erhaltung des gegenwärtigen mäßigen Waldumfangs fordern. Die social-politischen Gründe wiegen mindestens eben so schwer. Haut den Wald nieder und Ihr zertrümmert die historisch-bürgerliche Gesellschaft. In der Vernichtung des Gegensatzes von Feld und Wald nehmt Ihr dem deutschen Volksthume ein Lebenselement. Der Mensch lebt nicht vom Brote allein. Auch wenn wir keines Holzes mehr bedürften, würden wir doch des Waldes bedürfen. Brauchen wir das dürre Holz nicht mehr, um unsern äußeren Menschen zu erwärmen, dann wird dem Geschlechte das grüne, im Saft und Trieb stehende zur Erwärmung seines inwendigen Menschen um so nöthiger sein. Das deutsche Volk bedarf des Waldes. Wie die See das Küstenvolk in einer gewissen rohen Ursprünglichkeit frisch erhält, so wirkt Gleiches der Wald bei den Binnenvölkern. Weil Deutschland so viel Binnenland hat, darum braucht es so viel mehr Wald als England. Eine Nation ohne beträchtlichen Waldbesitz ist gleich zu achten einer Nation ohne gehörige Meeresküste. Wir müssen den Wald erhalten, nicht bloß damit uns der Ofen im Winter nicht kalt werde, sondern auch damit die Pulse des Volkslebens warm und fröhlich weiter schlagen, damit Deutschland deutsch bleibe 2c."

Und ist es nicht die Waldesluft, die echte Waldespoesie, die das Herz erfrischend umfängt, die die Annehmlichkeit des Lebens und Wohnens in der Gegend erhöht und zur frohen und freien Entwickelung der Bewohnerschaft derselben, zur Lust an Gottes schöner Welt so mächtig beiträgt; ist es nicht die schattige Waldeskühle, die den Wanderer neu belebt; birgt nicht der Wald in seinen

[1]) Land und Leute.

prangenden und strotzenden Baumgruppen und seinem grünen Laubschmucke die Natur in ihrer großartigen Majestät; birgt er nicht das Wild, wonach das Jagdhorn schallt und die Büchsen knallen; birgt er nicht die erheiternden Singvögel und eine Menge nützlicher Geschöpfe für die Säuberung der Fluren? — In Dr. Burckhardt's Worten finden wir eine Bestätigung:

„Die Wälder sind der Länder höchste Zierde. Muß ihr Nutzen für den Menschen und ihre Bedeutung im Naturhaushalte auch voran gestellt werden, so sind sie doch auch schöne Bilder in der Landschaft, die höheren Bauwerke der Pflanzenwelt, die anmuthigen Hallen, darin der Mensch gern weilet. — Die Zeit der heiligen Haine ist zwar längst vorüber, aber noch heute senkt der stille, erhebende Wald jenen Frieden in das Gemüth des einsamen Waldbesuchers, den ihm das Gewühl der Menschen nicht bietet. Die Mannigfaltigkeit der Gebilde führt Jeden nach seiner Weise zu immer neuer Anschauung, und an erheiterndem Naturgenuß sind die Wälder die reichsten, nie ermüdenden Stätten. Höher schlägt das Herz, wenn die Wanderschaar des Waldes Schwelle betritt, und lieber unter dem Laubdach altehrwürdiger Bäume, als unter Zelten feiert das Volk seine Feste."

Dr. H. Schacht: „Im Walde zeigt sich das Schaffen der Natur in seiner vollen Größe 2c. — Wo Alles die Natur verherrlicht, darf auch der Mensch nicht fehlen; ein unbewußt Gefühl zieht ihn zum Walde, um in freudigfeierlicher Stimmung der großen Schöpferin zu danken".

Eichendorf spricht in seinem herrlichen Gedicht:

„Im Walde steht geschrieben
Ein stilles ernstes Wort
Vom rechten Thun und Lieben,
Und was des Menschen Hort."

„Ich habe treu gelesen
Die Worte schlicht und wahr,
Und durch mein ganzes Wesen
Ward's unaussprechlich klar".

Der Wald erlangt aber auch als wichtiger Bestandtheil im wirthschaftlichen Leben immer größere Bedeutung.

Die Verwendung des Holzes ist ungemein vielseitig, und mehrt sich täglich. In den Jahren 1872—1876 waren die Holzpreise zu einer Höhe gestiegen, auf der sie das Bestehen ganzer Industriezweige bedrohten, ja auf jede Privatökonomie drückten. In waldreichen Gegenden dient das Holz wol noch mehr oder weniger ausschließlich als Feuerungsmaterial; doch tritt diese Benutzung bei den steigenden Holzpreisen immermehr zurück, und auf Holzfeuerung begründeter ausgedehnter Fabrikbetrieb findet sich nur noch in wenigen Gegenden.

Nach der allgemeinen Gewerbezählung in Deutschland von 1875 beschäftigte die Industrie der Heizstoffe 1587, der Holz- und Schnitzstoffe 464 048, das Handelsgewerbe mit Bau- und Brennmaterialien 35 764, Zimmerei 122 554, der Maschinenbau 154 096, Wagenbau 95 002, Schiffbau 11 094 Personen ꝛc. ꝛc. Tausenden von Menschen gibt der Wald noch direkte Beschäftigung durch die Forstculturen, Wegearbeiten ꝛc., durch die Werbung und den Transport des Holzes, durch die Gewinnung der Eichenlohe und sonstiger Forstnebennutzungen, durch die zahlreichen Schneidemühlen, welche die einsamsten Waldgründe beleben, sowie durch andere Zubereitungsanstalten zum Export des Holzes. Vor allem aber gewährt der Wald Tausenden der armen Waldbewohner Unterhalt durch Sammeln von Schwämmen, Kräutern, Beeren, Eckern, Streu, Gräsern, Futterpflanzen und Leseholz.[1])

---

[1]) Nach Drechsler, „Die Forsten Hannovers", 1851, berechnet sich der gesammte direkte Arbeitsverdienst im Walde jährlich pro ha auf 10 ℳ, was jetzt bei den erhöhten Arbeitslöhnen mindestens 12,25 ℳ bringt; dabei fallen 29% auf Gewinnung der Baumfrüchte, Waldstreu, Gräserei und Waldbeeren. — Besonders ist das Sammeln von Heidel- und Kronsbeeren hier und dort mitunter sehr lohnend und gewährt den Frauen und Kindern den hübschen Verdienst bis zu 3 ℳ täglich. Die Ausfuhr an Heidelbeeren aus den Lüneburger Forsten nach Bremen

Wir schätzen den Kapitalwerth des deutschen Waldes auf 10 Milliarden *M.*, den Reingewinn aus der Holznutzung jährlich auf 200 Millionen *M.* und ebenso hoch jährlich den direkten und indirekten Verdienst aus dem Walde.

Nach den vorstehenden Thatsachen wird die staatswirthschaftliche Bedeutung des Waldes wol nicht mehr bezweifelt werden, aber die Wichtigkeit dieser Frage für die gesammte Bevölkerung eines Landes erfordert noch, daß der **Bewaldungsgrad** einer genauen Prüfung unterzogen wird.

Um ein Gesammtbild zu geben, lassen wir hier eine Uebersicht über die Bodenwirthschaft der einzelnen Staaten Deutschlands und Europas folgen.[1]).

Wir sehen, daß die Waldfläche Deutschlands gegen die Europas sowol in Verhältniß zur Gesammtfläche (25,62 : 31,29), als auch besonders auf den Kopf der Bevölkerung (0,32 : 0,99) zurücksteht. Wir finden zudem, daß die Waldungen Deutschlands sehr ungleich vertheilt sind. Die Gebirgsgegenden sind waldreicher, als die ebenen Landstriche, weil diese dem Pfluge zugänglich sind. In Süd- und Mitteldeutschland entfällt $^{1}/_{3}$, in der norddeutschen

---

und Hamburg stellt in manchen Jahren einen Werth von 100 000 *M.* dar. Im Jahre 1863 war die Beerenernte so ergiebig, daß dort im Forste Raubkammer nach genauer Ermittelung 1 ha Baumbestand 3,7 hl Beeren mit einem Geldertrage von 28 *M.* geliefert hat.

[1]) Nur in wenigen Staaten Deutschlands ist eine Boden-Statistik aufgenommen, die eine richtige zahlenmäßige Grundlage über die Bodenbenutzung gewährt, und obwol für die meisten Staaten die Zahlenangaben sich auf Schätzungen beschränken, so dürfen dieselben doch im Großen und Ganzen ein möglichst annähernendes Bild darstellen. Zu dem landwirthschaftlich bebauten Lande zählen wir: Acker-, Garten-, Obst-, Wein-, Wiesen- und gutes Weideland, während die wilden Weidedistrikte zu Oedland gerechnet sind. Die Grenzen zwischen Oedland und den nicht anbaufähigen Flächen war nicht scharf zu ziehen, aber eher kann von letzteren zu ersterem fallen, als umgekehrt.

(Folgt umstehende Tabelle.)

Ebene nur 1/8 auf die Waldflächen. Das Harzgebiet nimmt 82% der Bodenoberfläche mit Wald ein, während im

Bodenwirthschaft (Statistisches Jahrbuch

Länder.	Flächeninhalt des ganzen Landesgebietes. qkm	Flächeninhalt des landwirthschaftlich bebauten Landes und der reichen Weiden. qkm	Von der Gesammtfläche des Landes landwirthschaftlich bebaut. pCt.	Flächeninhalt der gesammten Landesforsten. qkm	Von der Gesammtfläche des Landes bewaldet. pCt.
Preußen	348 234	212 636	61,06	81 245	23,33
Bayern	75 863	43 653	57,54	25 019	32,98
Sachsen	14 967	10 022	66,96	4 152	27,74
Württemberg . . .	19 484	11 937	61,21	5 995	30,77
Baden	11 738	8 251	55,98	5 533	37,54
Elsaß-Lothringen . .	14 508	9 030	62,24	4 439	30,59
Hessen	7 680	4 861	63,29	2 403	31,29
Thüringische Staaten	12 301	7 598	61,77	3 603	29,49
Beide Mecklenburg .	16 234	10 945	67,42	2 816	17,35
Oldenburg	6 414	3 182	49,61	558	8,70
Braunschweig	3 637	2 215	60,90	1 103	30,32
Anhalt	2 294	1 578	68,79	558	24,32
Lippe	1 189	686	57,70	333	28,00
Waldeck . . . . , .	1 121	579	51,65	431	38,45
Schaumburg-Lippe .	340	192	56,47	77	22,77
Hansestädte	964	717	74,38	52	5,39
Deutschland . . .	539 968	328 082	60,76	138 317	25,62
Oesterreich . . .	622 476	340 494	54,70	194 835	31,30
Schweiz	41 488	13 276	32,00	7 800	18,80
Italien ohne Inseln .	257 157	167 109	65,00	51 474	20,00
Frankreich	528 577	334 840	63,35	93 590	17,70
Belgien	29 455	23 103	78,43	3 535	12,00
Niederlande . . .	32 972	19 548	59,29	1 969	5,97
Großbritannien . .	314 406	190 376	60,55	10 150	3,23
Dänemark	38 209	25 969	67,97	1 761	4,61
Schweden	442 203	46 432	10,50	174 670	39,50
Norwegen	316 693	8 513	2,70	97 051	30,64
Rußland.	5 410 046	1 623 014	30,00	2 055 817	38,00
Türkei m. d. Fürstenth.	527 475	105 495	20,00	126 600	24,00
Griechenland . . .	50 123	8 020	16,00	5 915	11,80
Spanien.	507 716	224 918	44,30	82 758	16,30
Portugal	92 829	46 415	50,00	4 641	5,00
Europa	9 751 793	3 505 604	35,95	3 050 883	31,29

hannoverschen Flachlande nur 8%, sogar im Bentheimschen 4%, im Siegenschen 3%, in Arenberg-Meppen 2,4%, ja

für das deutsche Reich 1881). 1 Q.-Kilom. = 0,0182 Q.-Meile.

Flächeninhalt des Oed- und geringen Weidelandes.	Von der Gesammtfläche des Landes unbebaut, aber anbaufähig.	Flächeninhalt der Straßen, Wege, Plätze, Flüsse, Teiche 2c.	Einwohnerzahl 1875.	Es kommen daher auf den Kopf. Acker-, Garten-, Wiesen-, Obst- und Weinland.	Wald.	Oedland.
qkm	pCt.	qkm		ha	ha	ha
39 013	11,20	15 340	25 742 404	0,83	0,32	0,15
4 648	6,13	2 533	5 022 390	0,87	0,50	0,09
435	2,90	358	2 760 586	0,36	0,12	0,02
1 087	5,58	465	1 881 505	0,63	0,32	0,06
643	4,36	311	1 507 179	0,55	0,37	0,04
639	4,40	400	1 531 804	0,59	0,29	0,04
246	3,20	170	884 218	0,55	0,27	0,03
591	4,80	509	1 099 386	0,69	0,33	0,05
1 944	11,97	529	649 458	1,69	0,43	0,30
2 560	39,91	114	319 314	1,00	0,17	0,80
233	6,41	86	327 493	0,68	0,34	0,07
95	4,14	63	213 565	0,74	0,26	0,04
100	8,41	70	112 452	0,66	0,30	0,09
79	7,05	32	54 743	1,06	0,79	0,14
49	14,41	22	33 133	0,58	0,23	0,15
20	2,07	175	587 730	0,12	0,01	—
52 382	9,70	21 187	42 727 360	0,77	0,32	0,12
49 798	8,00	37 349	35 904 435	0,95	0,54	0,14
8 298	20,00	12 114	2 759 854	0,48	0,28	0,30
20 000	7,78	18 574	27 769 475	0,60	0,19	0,07
71 380	13,50	28 767	36 905 788	0,91	0,25	0,19
944	3,20	1 873	5 336 185	0,43	0,07	0,02
7 660	23,23	3 795	3 865 456	0,51	0,05	0,20
95 410	30,35	18 470	33 881 966	0,56	0,03	0,28
6 600	17,27	3 879	1 903 000	1,36	0,09	0,35
180 750	40,87	40 351	4 424 713	1,05	3,95	4,09
170 000	53,68	41 129	1 817 242	0,47	5,34	9,35
1 483 484	27,42	247 731	73 613 600	2,20	2,79	2,01
200 000	37,91	95 380	15 042 500	0,70	0,84	1,33
13 784	27,50	22 404	1 457 894	0,55	0,41	0,95
126 929	25,00	73 111	16 794 963	1,34	0,50	0,76
27 849	30,00	13 924	4 677 562	0,99	0,10	0,60
2 515 268	25,79	680 038	308,881 993	1,13	0,99	0,81

an der Küste Ostfrieslands kaum 1,8% damit bedeckt sind.

Es läßt sich nicht voraussetzen, daß ein Land, weil es geringeren Waldbestand als ein anderes hat, deßhalb unter allen Umständen schlechter stände; denn es kommt hierbei sehr viel auf den Boden, die klimatischen Verhältnisse und Bedürfnisse an. Die Küstenländer befinden sich trotz ihrer Waldarmuth sehr wohl: Der fette Marschboden an dem Küstenstriche wirft landwirthschaftlich die höchsten Erträge ab; die Nähe des Meeres wirkt wohlthätig ausgleichend auf das Klima ein[1]); die günstige Handelslage führt ihnen aus aller Herren Ländern Holz genug und wohlfeil zu.

Eine Normal-Bewaldungsziffer insbesondere für die bestmögliche Culturfähigkeit eines Landes festzustellen, ist nach dem heutigem Stande unserer Forschung unmöglich. Wenn gleichwol einzelne Schriftsteller durchschnittlich 15 bis 20% als den für diesen Zweck erforderlichen Grad der Bewaldung bezeichnen, so kann darauf wenig Werth gelegt werden. Wie schon bemerkt, muß sich die Bewaldungsziffer nach den verschiedenen Umständen richten. In ausgedehnten Berggegenden ist durch die Natur des Terrains ein größerer Procentsatz als der vorbezeichnete von selbst gegeben, an Küstenstrichen kann er geringer sein und im Binnenlande genügen. Da der Einfluß der Bewaldung einer gewissen Gegend mit zunehmender Entfernung mehr und mehr gemindert wird, so ist eine gleichmäßige Vertheilung der Waldflächen über das ganze Land und möglichst zwischen dem übrigen Culturlande, coulissen- oder schachbrettartig, angebracht, zu welchem Zweck jedoch die steilen und hoch belegenen Berge nicht entwaldet und zusammenliegende Waldkörper nicht unvortheilhaft zerstückelt werden dürfen.

---

[1]) Es liegt in Absicht Norderney in nächster Zeit zu einem permanenten Luftcurort zu erheben. Sorgfältig angestellte Untersuchungen der dortigen Verhältnisse durch den Geh. Ober-Med.-Rath Prof. Beneke haben zu dem Resultat geführt, daß gerade die wol rauhe, aber nicht scharfe, ozon- und salzreiche Seeluft angehenden Schwindsüchtigen dieselben, wenn nicht bessere Dienste leistet, als ein südliches Klima.

Leichter ist die Bewaldungsziffer für Deckung des Bedarfs eines Landes an Brenn-, Werk- und Bauholz zu bestimmen.

Der jährliche Durchschnittsgebrauch an Holz auf den Kopf der Bevölkerung beträgt nach Maron 0,93, nach Hundershagen 1,54, nach Püschel in Dörfern 1,20—1,50, in Städten 1,90—2,50 Festmeter.

Schätzt man die jährliche Holzerzeugung auf 1 ha Waldboden durchschnittlich zu 3,50 Festmeter Derbholz und Reisig, so fällt im deutschen Reiche auf den Kopf der Bevölkerung 1,15 Festmeter.

Im Deutschen-Zollgebiete betrug allein an Bau-, Nutz- und Schnitzholz die Ein- und Ausfuhr:

	Einfuhr Tonnen	Ausfuhr Tonnen
1872	3 458 790	1 334 050
1873	4 066 900	1 119 150
1874	3 847 500	1 136 680
1875	3 190 750	1 062 600
1876	3 190 750	1 299 650
1877	3 432 400	1 148 830
1878	3 028 900	1 125 900
1879	2 622 400	1 121 400
Im Ganzen:	26 838 390	9 348 260

	Einfuhr Tonnen	Ausfuhr Tonnen
durchschnittlich jährlich:	3 354 799	1 168 533
davon Ausfuhr:	1 168 533	
Mehreinfuhr:	2 186 266	

Also reicht die Holzerzeugung zur Befriedigung der Bedürfnisse nicht aus. Rechnet man 600 kg = 1 Festmeter, so würde zu obiger Holzerzeugung auf den Kopf noch 0,09 Festmeter kommen; demnach der Holzverbrauch auf den Kopf 1,24 Festmetec ausmachen, ohne die Mehrausfuhr vun sonstigen Holzsortimenten (jährlich etwa 100 000 t) in Anschlag zu bringen.

Wie folgende statistische Nachweise ergeben, genügt

heuer das Holz zur Feuerung in den Städten schon bei weitem nicht mehr.

In Berlin betrug 1877 die Einfuhr:

Kohlen (Stein=, Braun= und Koaks)	
21 596 617 Ctr. =	3 599 436 cbm.
Brennholz:	679 929 „
Torf:	190 413 „
überhaupt:	4 469 778 cbm

Bringt bei einer Einwohnerzahl von 966 858 Seelen auf den Kopf 4,62 cbm.

In Straßburg bestand 1876 die Einfuhr aus:

Kohlen: 32 959 488 kg = ...	111 710 cbm.
Brennholz:	83 292 „
überhaupt:	194 902 cbm.

Macht bei 73 294 Einwohner auf den Kopf 2,66 cbm.

In Bremen werden jährlich allein an Torf 75 000 t à 1000 kg. = 250 000 cbm. eingeführt; bringt bei 82 990 Einwohnern auf den Kopf: 3,01 cbm.

Der Feuerungsverbrauch richtet sich heuer nach der Ausdehnung der Industrie, und ist dieser entsprechend größer oder geringer; daher der Abstand zwischen Berlin und Straßburg, bezw. Bremen.

Im deutschen Reich kann man den gesammten Verbrauch an Holz, Kohlen und Torf schätzen auf:

52 981 926	cbm. à	600 kg.	Holz incl. Mehreinfuhr,
162 441 746	„ „	300 „	Kohlen exlc. Mehreinf.,
21 962 815	„ „	300 „	Torf.

überhaupt auf:

237 386 437 cbm.; bringt auf den Kopf 5,56 cbm. oder 2 039 kg.

Die Steinkohle ist ohne Zweifel ein vortreffliches Feuerungsmaterial, aber in den Haushaltungen wird sie stets hinter Holz und Torf zurückstehen, die an Intensität der Hitze nicht gegen die Steinkohle aufkommen, aber dem Wohlsein mehr entsprechen. Man entschließt sich ungern dazu, seine Feuerungen auf Steinkohlen einzurichten, weil es in den harten Wintertagen nicht darauf ankommt, momentan einen großen Hitzegrad zu erreichen, sondern vermöge der Heizung von innen eine gleichmäßig lang andauernde milde Temperatur zu erhalten. Demnach nicht als „billig und schlecht", sondern vielmehr als „gut, aber leider sehr theuer", muß man unter den gegenwärtigen Verhältnissen unsere Holz- und Torfheizung bezeichnen. Besonders in der Neuzeit kommt letztere ganz beträchtlich theurer zu stehen, als die Kohlenheizung. Die Ursachen dieser Wandlung gegen früher liegt zunächst in dem Sinken der Kohlenpreise,[1]) in der Ausdehnung der Eisenbahnen nach den Bezugsquellen der Kohlen und in den geringeren Unkosten der Verladung und des Transportes 2c. zu Gunsten der Kohlenheizung.

Die Steinkohlen sind zugleich für die gewerbliche Entwickelung in der Neuzeit von höchster Wichtigkeit geworden, die treibende Kraft aller Industrie. Die Kohlenproduktion hat in verhältnißmäßig kurzer Zeit einen rapiden Aufschwung genommen [2]).

Es wurden gefördert in Tausenden Centner im deutschen Zollverein: 1862: 311526. 1866: 432599. 1871: 585000.

---

[1]) Der Werth der Kohlenproduktion hat in den 5 Jahren von 1873/7 um 185 465 000 ℳ abgenommen.

[2]) Bei Einstellung neuerer statistischer Vergleichszahlen darf man allerdings nicht außer Acht lassen, daß seit 1873 eine Ueberproduktion stattgefunden und hier wie in allen Ländern die Ziffern wieder zurückgehen, wie bereits die Kohlenproduktion in der Zeit von 1876/9 um etwa 51 ½ Mill. Centner zurückgegangen ist; immerhin läßt sich mit Sicherheit voraussetzen, daß bei normalen Verhältnissen die Produktion mit der Hebung der Industrie gleichen Schritt halten und sich wieder steigern wird, wie der Mensch sich immermehr mit Hülfe der Kohle von Wind- und Meeresströmungen unabhängig macht und durch Wüsten und über Gebirge völkerverbindendem Verkehr die Bahn bahnt. — Dr. Ernst Engel hat soeben darüber ein bahnbrechendes Quellenwerk unter dem Titel „Das Zeitalter des Dampfes in technisch-statistischer Beleuchtung" geliefert.

im deutschen Reiche aus 543 Kohlengruben: 1872: 846489. 1876: 991010. 1879: 939581.

Die Mehr-Ausfuhr betrug in Tausenden Centner: 1862: 24250. 1866: 43130. 1871: 26092. 1872: 12180. 1876: 15384.

Bleiben für den inländischen Verbrauch: 1862: 287276. 1866: 389465. 1871: 558908. 1872: 834309. 1876: 975626.

Bringt auf den Kopf der Bevölkerung kg: 1862: 414. 1866: 543. 1871: 730. 1872: 976. 1876: 1142.

Während hiernach die Kohlen-Produktion von 1862 bis 1876 um 218 % zugenommen hat, ist der Gesammtverbrauch um 240 % und der Verbrauch pro Kopf um 176 % gestiegen. (Letzterer Procentsatz gibt wegen der in der Zwischenzeit eingetretenen Erwerbungen Deutschlands den sichersten Anhalt.)

Nimmt man im großen Durchschnitt an, daß der Nutzeffekt der Kohle sich zu dem des lufttrockenen Holzes verhält wie 7 : 4, so würden 100 Centner Kohle dem Brennwerthe von 175 Centner Holzes gleichstehen. Rechnet man ferner 175 Centner = 15 Festmeter solchen Holzes, so sind 975 626 000 Centner Kohlen dem Brennwerthe von 146 340 000 Festmeter Holzes gleich.

Bei einem mittleren Durchschnittsertrag von 3,50 Festmeter pro ha würden demnach rund 42 Mill. ha bestockten Waldgrundes nöthig sein, um jährlich den Brennwerth zu produziren, welchem der Kohlenverbrauch des deutschen Reichs im Jahre 1876 entspricht. Die Zunahme des jährlichen Kohlenverbrauchs in der Zeit von 1862/76 aber = 548 Mill. Centner ist der jährlichen Holzproduktion von 23½ Mill. ha. Wald gleich zu rechnen, während die gesammte Waldfläche des deutschen Reichs nicht voll 14 Mill. ha ausmacht.

Die Anwendung der Dampfmaschinen befindet sich noch immerfort in steigender Entwickelung. So hat sich die Zahl derselben in Preußen seit 1861 fast um das Fünffache vermehrt. Nach der Statistik von 1880 befanden sich im deutschen Reiche 44447 Dampfmaschinen, 9085 Locomobilen und 1073 Dampfschiffe. Auch die Eisenindustrie Deutschlands hat namentlich in Oberschlesien und am Niederrhein von neuem mächtigen Aufschwung genommen. In Preußen fand 1875 die Verhüttung der Erze auf 227 Werken statt, darunter für Roheisen 141 Werke mit 209 Hochöfen. Aber sobald sich der Reichthum an mineralischen Brennstoffen mindert, so wird besonders die Eisenindustrie Deutschlands der Konkurrenz Englands und Belgiens erlegen sein, wie bereits dieselbe theils durch Devastirung der Wälder, z. B. in der Eifel, theils durch Steigerung der Holzpreise, z. B. in Oberbayern und vor allem im eisenreichen Thüringen, tief herabgedrückt worden ist. Wenn man dazu den Verbrauch an Brennstoffen in den übrigen Betrieben (es gab nach der allgemeinen Gewerbezählung von 1875 im deutschen Reich im Ganzen 2927955 Haupt- und 302356 Nebenbetriebe) und die Zunahme der Bevölkerung (in der Zeit von 1871/75 betrug dieselbe 4,08 %) in Betracht zieht, so hat doch die Befriedigung des sich steigernden Bedarfs an Brennstoffen wegen der Zukunft etwas Beängstigendes.

Kohlen finden sich auf der ganzen Erde, in größeren oder geringeren Massen. Von den europäischen Staaten hat Großbritanien das größte Kohlenfeld (11860 engl. Q.-Meilen). Nächstdem folgt Deutschland, welches 7 große Ablagerungen von Steinkohlen besitzt, von denen 5 auf den preußischen Staat und 2 auf Sachsen kommen. Das größte aller Lager, nicht allein in Deutschland, sondern auf dem europäischen Kontinent überhaupt, ist das in Oberschlesien (500—600 bezw. 1400 qkm). Das zweite in Preußen ist das im niederschlesischen Steinkohlengebirge. Das dritte liegt an der Ruhr in Westfalen und der Rheinprovinz (880 qkm). Das vierte liegt bei Aachen am nördlichen Fuß des Hohen Venn und das fünfte an der Saar zwischen Neunkirchen und Saarbrücken. In Sachsen liegt das eine bei Potschappel, das andere wichtigere, bei Zwickau. Kleinere Kohlenlager finden sich außerdem noch mehrfach in Deutschland. Frankreich, Belgien, Oesterreich, Rußland, Spanien, Türkei, Schweden, Luxemburg, Portugal und Schweiz haben mehr oder weniger große Kohlenlager. Nordamerika ist das reichste Land der Welt an Kohlen, seine Reviere sind 12 mal größer als die von ganz Europa, und 35 mal größer als die von Großbritannien. Trotz dieser großen Lager liegt bei dem collossalen Verbrauch an Kohlen die Befürchtung nahe, daß die Vorräthe aufgezehrt werden. Hat doch in England Armstrong ausgerechnet, daß bei der Steigerung des dortigen Verbrauchs die englischen Gruben in 212 Jahren erschöpft sein werden. Allerdings werden die erst zum kleinsten Theil gehobenen Schätze Deutschlands und Nordamerika's, die noch unaufgeschlossenen anderer Gegenden für lange Jahre Deckung schaffen; da aber von einer Nachhaltwirthschaft beim Abbau der Kohlenflötze nicht die Rede sein kann, so muß doch die Nothwendigkeit der endlichen Erschöpfung aller mineralischen Brennstoffe entschieden zugegeben werden. Sehen wir auch davon vorläufig ganz ab, so liegt die Sache doch insofern ernst, als mehr und mehr der Bergbau Tiefen erreicht, welche sich bald gar nicht mehr oder doch nur mit besonderen vervollkommneten technischen Hilfsmitteln heben lassen werden; wodurch jedenfalls mit der Zeit die Produktion schwieriger und daher kostspieliger werden wird, und höhere Kohlenpreise entstehen müssen. Dann kommt die Zeit, wo wieder Holz und Torf mit der Kohle konkurriren können.

Auch die Torflager bergen einen großen Schatz von Brennstoffen. Die Torfmoore vertheilen sich in Deutschland auf:

Altpreußen mit	14 300	qkm
die drei 1866 erworbenen Provinzen mit	7 250	„
Mecklenburg	550	„
Oldenburg	1 100	„
Bayern	660	„
die Reichslande und das übrige Süddeutschland etwa	1 370	„
Deutschland besitzt überhaupt:	25 230	qkm,

so daß 4,67 % der gesammten Oberfläche von Moor bedeckt ist und 0,06 ha auf den Kopf der Bevölkerung fallen. Besonders tritt das Moor auf: im norddeutschen Tiefland, auf den Hochplateau's Bayerns und Oberschwaben und auf den Rücken der Gebirge Süd- und Mitteldeutschlands. In den Mooren liegt eine bedeutendes Kapital verborgen, ein Erzeugniß von namhaftem Handelswerth. Rechnet man die nutzbare und trockene Torfmasse im Durchschnitt nur zu 1 m Mächtigkeit, so können auf der ganzen Moorfläche Deutschlands 25 230 Mill. cbm. gewonnen werden. Auf den Kopf der Bevölkerung fallen also 591 cbm. und über 100 Jahre würde jene Masse zur Befriedigung der Bedürfnisse an Brennstoff für die ganze Bevölkerung ausreichen.

Torf ist bekanntlich, soweit die Geschichte zurückreicht, in der norddeutschen Tiefebene als Surrogat des Holzes zur Feuerung verwendet. Seine Unscheinbarkeit, die Unvollkommenheit der Feuerungen ließen ihn aber stets wie einen Brennstoff ansehen, auf dessen haushälterische Benutzung es nicht ankomme. Jeder stach ihn, wo er berechtigt war und wie er am besten dazu kommen konnte, und überließ den Enkeln, aus den stehengebliebenen Resten zu machen, was sie wollten. In der Zukunft wird bei dem jetzigen Raubbau auf Kohlen, welche nicht wieder wachsen, der Conservirung der Torfmoore dieselbe Sorgfalt gewidmet werden müssen, als jetzt damit der Anfang bei den Forsten gemacht wird. Wenn wir dabei von der natürlichen Wiedererzeugung der planmäßig zur Ausbeutung gelangenden Torfmoore absehen und den abgetorften Grund (das Leegmoor) dem Feldbau übergeben, so geschieht das in der Erwartung, daß anderweit durch Erweiterung der Forstcultur reichlicher und besserer Ersatz erfolgt.

Der Torf gewährt für Haushaltungen wie auch für viele gewerbliche Zwecke so erhebliche Vortheile und Annehmlichkeiten, daß diese seinen minderen Heizwerth mehr als ausgleichen, und ihn befähigen, überall dort, wo er durch weiten Transport nicht gar zu sehr vertheuert wird, seinen Platz zu behaupten.

Auch erscheint es sehr wohl möglich, die jetzigen Herstellungskosten und den Preis des Torfs noch erheblich herabzumindern: durch Anlage thunlichst kurzer und direkter Wasserstraßen zwischen den Hauptgewinnungsplätzen und den nächstgelegenen Eisenbahnstationen, — durch ausreichende Tiefe dieser Canäle auch in trocknen, für die Torfgewinnung besonders günstigen Jahren, — durch Anlage von secundären oder tertiären Eisenbahnen als Abfuhrwege, welche den Transport auch im Winter geschehen lassen und zugleich auch ein billiges Ueberladen in die Wagen der Hauptbahn ermöglichen, — endlich durch Verbesserung der Herstellung unter Anwendung zweckmäßiger Maschinen läßt sich Vieles erreichen.

Es ist auch schon Vieles in dieser Richtung seit einigen Jahren geschehen, namentlich sind von Seiten der preußischen und oldenburgischen Regierung bedeutende Summen zum Ausbau von Moorcanälen verwandt, sowie neue Maschinen mit Erfolg eingeführt wurden.[1])

---

[1]) Bemerkenswerth sind: die Torfmischmaschinen der Oldenburger Gesellschaft (Hodges) für Canal- und Wasserbauten, der Oldenburger Aktiengesellschaft (Mahlstedt) für Canalbau- und Torffabrikation und von Ingermann zu Koldmoos in Schleswig-Holstein, sowie die Torfformmaschinen von C. Pieau in München, (vormals Grothian und Pieau in Berlin), L. Lucht in Colberg, Henry Clayton Son und Howlett in London, Karl Dietrich in Hamburg, Cohen und Moritz in Hannover, Gebr. Stützke in Lauenburg Prov. Pommern, Leo Seydel in Berlin, Schlickeysen in Berlin, A. Schmidt in Berlin, A. Taatz in Halle, P. Neufeld in Elbing und J. Ros in Norrköping (Schweden). Davon darf als besonders wichtig das Prinzip betrachtet werden, welches bei der Construktion der Torfhebevorrichtung (Aushebung des Rohtorfs) an dem zuerst erwähnten Hodges'schen Torfbaggerschiff zum Ausdruck kommt; ein Prinzip, welches geeignet ist, die Massenhebung des Rohtorfs auf inundirten Terrains durch Anwendung von Maschinenkraft an die Stelle der theuren Menschenkraft zu setzen. Von den Torfformmaschinen ist die von Pieau empfehlenswerth, welche z. B. bei Aibling und Kolbermoor in Oberbayern, sowie im Steinhauer Ried, Württemberg'sches Revier Schussenried, vorzügliche Resultate liefert. Bei allen diesen Maschinen erzielt man die Verdichtung des Torfs nicht durch Druck-, sondern lediglich durch die Zerreißungs- und

Bekanntlich sind die Holländer in der Kunst, dieses Produkt zu einer Quelle des Reichsthums und des Wohlstandes umzuschaffen, die Lehrer von ganz Europa gewesen; und noch jetzt können nur die Anlagen in Ostfriesland eine Vergleichung mit den Holländischen aushalten.[1])

Wenn wir nun auch von einem Ersatz der Brennstoffe durch andere Kräfte der Natur [2]) absehen, so erhellet doch

Mischwirkung. Die construktive Verbesserung der verschiedenen, mehr oder minder gleich berechtigten Systeme der Torfmaschinen wird sicher nachhaltig vorwärts schreiten.

[1]) Wir verweisen im Weiteren auf unsere Schrift. „Ueber Moorwirthschaft und Fehnkolonien". 2. Ausg., Hildesheim, 1880.

[2]) Manche wähnen die Zeit nicht mehr fern, in welcher man mit Wasser feuert, d. h. in der man im Großen das Wasser zersetzt, um seine Bestandtheile wieder mit Vortheil zu verbrennen. Die Kostspieligkeit des Verfahrens schreckt nicht zurück.

In einer Denkschrift, welche Dr. W. Siemens dem Institut der englischen Civilingenieure im Jahre 1878 vorgelegt, hatte dieser die öffentliche Aufmerksamkeit auf die mögliche Erschöpfung die Kohlenschichten der Erde in einer mehr oder weniger entfernten Periode gelenkt und die kühne Hypothese aufgestellt, daß ihr Abgang durch andere große Kräfte der Natur würde ersetzt werden können. Er war sogar der Ansicht, daß man sich derselben manchen Orts schon heute bedienen könnte. Siemens zeigte, daß mittelst geeignet angelegter Turbinen und anderer hydraulischer Motoren ein großer Betrag dieser Kraft zum Betrieb mächtiger dynamo-elektrischer Maschinen verwendet werden könnte, welche, wenn sie durch die Uebertragung elektrischer Ströme mittelst metallischer Leitungen zu anderen und ähnlichen Maschinen, die als elektro-magnetischen Motoren fungiren würden, Triebkraft auf meilenweite Entfernungen übertragen würden, um auf einer Anzahl entlegener Stationen die Werkzeug- und Fabrikationsmaschinen der Industrieen verschiedener Distrikte in Bewegung zu setzen. Wenn auch in Lichtenfeld (Berlin) von Siemens und Halske eine elektrische Eisenbahn von 2½ km. Länge gebaut und thatsächlich in Betrieb gesetzt worden ist, so sind wir doch vorläufig in dieser Hinsicht und überhaupt bezüglich der elektrischen Transmission großer Triebkräfte auf weite Entfernungen noch auf das Feld der Experimente ange aus dem Vorstehenden, daß der Feuerungsbedarf durch Kohle und Torf noch für längere Zeit gedeckt ist. Dies wird dazu dienen, der rationellen Forstcultur die erforderliche Zeit zu ihrer Entwickelung zu verschaffen, die auf eine intensive Nutzholzwirthschaft gerichtet sein muß.

Denn mit der großartigen Erweiterung der Industrie und der Zunahme der Bevölkerung wird das Bedürfniß an Nutzholz von Jahr zu Jahr größer. Hat sich auch hier und dort selbst auf dem Lande der Massivbau eingebürgert und werden vielfach Eisenkonstruktionen angewendet, so steht dieser Abgang mit jenem Zugang in keinem Verhältniß, zumal Deutschland bereits bedeutende Quantitäten gewerblicher Holzprodukte für den Welthandel liefert. Uebrigens beweist die oben schon angegebene Mehreinfuhr an Bau-, Nutz- und Schnitzholz zur Genüge, daß Deutschland seinen Nutzholzbedarf nicht selbst decken kann. Allerdings wird durch intensivere Wirthschaft der Nutzholzertrag sich wesentlich erhöhen, jedoch nach den bisherigen Erfahrungen schwinden die Wälder so bedeutend, daß damit keine Deckung erreicht werden wird.

Nach einer dem preuß. Abgeordnetenhaus im Jahre 1872/3 vorgelegten Uebersicht hat die Entwalduug in Preußen, wenn man nur die Staatswaldungen in Betracht zieht, von 1820 bis 1865 etwa 250 000 ha betragen, nach Abzug alles dessen, was durch Ankauf neu hinzugekommen ist. Das ist etwa der neunte Theil desjenigen, was der preußische Staat überhaupt an Waldareal besitzt. Es ist in der Sitzung des preußischen Abgeordnetenhauses am 24. Nov. 1880 nachgewiesen, daß in den Jahren 1867/80 für 51¾ Mill. Mark Domänen- und Forstgrundstücke verkauft worden sind, während in demselben Zeitraum neue Erwerbungen nur in der Höhe von 7 Mill. Mark stattgefunden haben.[1])

---

wiesen. Welche Wirkungen verspricht man sich doch auch schon von dem Maynard'schen elektrischen Kater?

[1]) Trotz dieser beklagenswerthen Thatsache stellte der Direktor der Forstakademie zu Münden, Oberforstmeister Borggreve, in der Sitzung des Landes-Oekonomie-Collegiums in Berlin am 15. Januar 1881 den Antrag:

Wenn aber bei dem Staatswaldbesitz die Entwaldung des Bodens in so gewaltigen Proportionen fortschreitet, so wird zweifellos der Privatbesitz noch eine weit größere Waldabnahme zu verzeichnen haben. Bis jetzt fehlt zwar darüber eine Statistik, allein in allen Gegenden überzeugt man sich, wie das Prinzip des uneingeschränkten Dispositi-

Die Staatsregierung zu ersuchen: „In ausgedehnterem Maße als bisher die Abholzung, Rodung und Verzeitpachtung von nach Lage und Beschaffenheit zweifellos zur dauernden landwirthschaftlichen Benutzung geeigneten Theilen des preußischen Staatsforstareals in Erwägung zu nehmen; und eventuell a) zu diesem Behufe für die einzelnen Regierungsbezirke aus forst-, land- und volkswirthschaftlichen Vertrauensmännern zusammengesetzte Kommission mit der schleunigen Abgabe von positiven Vorschlägen über die in erster (und zweiter) Reihe hierzu geeigneten Flächen und local geeignetste Modalität der Urbarmachung und Verzeitpachtung zu betrauen; b) das auf den Rodeflächen fallende Holzmaterial jedoch auf die bestehenden Abnutzungssätze in der Regel, der betreffenden Verwaltungs-, event. wenigstens der Regierungsbezirke voll in Anrechnung bringen zu lassen, so daß also auf dem bleibenden Waldareal mit mehr absolutem Holzboden hierdurch zugleich eine entsprechende Einsparung und damit Umtriebserhöhung und Steigerung der Werthproduktion erreicht wird".

Der Antrag steht mit dem Bestreben, unseren Waldungen den größtmöglichsten Schutz angedeihen zu lassen, sie durch aufmerksame Pflege zu heben und durch Aufforstung geeigneter Flächen zu mehren, im vollsten Widerspruch. Der Antragsteller begründete denselben durch Hinweis auf die Erzielung einer größeren Bodenrente aus dem Feldbau und dem dadurch erwachsenden volkswirthschaftlichen Nutzen. Es könnte durch ein verständiges, viel Arbeitskraft erforderndes Roden, durch die Urbarmachung des gewonnenen Bodens und dessen Erträgniß, meint Antragsteller, der Auswanderung wirksam entgegengetreten, dieselbe sogar zeitweise ganz verhindert werden. Den sanitären Nutzen der Waldungen und ihre Fähigkeit, Ueberschwemmungen zu verhüten, schlägt Antragsteller gering an. Er befindet sich damit wenigstens in letzterer Beziehung im Widerspruch mit den in der Neuheit auf diesem Gebiete angestellten Forschungen. Wir weisen auf die Ueberschwemmungen in Frankreich hin, die so ungeheuren Schaden angerichtet haben. Der Antrag fand denn auch energischen Widerspruch in der Versammlung und wurde fast einstimmig abgelehnt.

tionsrechts zu den bösesten Waldverwüstungen geführt hat und mehr und mehr führt. Viele Waldbesitzer beuten ihren Wald auf alle mögliche Weise rücksichtslos aus und können den Augenblick nicht erwarten, ihre ganzen Bestände zu Geld zu machen. Allenthalben sieht man Waldwucherer in Thätigkeit, deren Spekulation auf dem Geldwerthe der unreifen Bestände beruht. Der Waldwucherer will keine Rente, sondern das Kapital aus dem Walde ziehen, es in Geld umsetzen und flüssig machen. Ist der Boden zur landwirthschaftlichen Cultur geeignet, so gibt's durch die Ausstockung der Waldfläche nochmals etwas zu verdienen.

Auf die Gemeinde-, Genossenschafts- und Institutswaldungen ist die Staatsaufsicht bezw. Beförsterung in den meisten Staaten Deutschlands ausgedehnt, auch sind zur Erhaltung der Waldungen auf gefährdeten Stellen, Dünen 2c., Waldschutzgesetze eingeführt; aber die Waldbesitzer überhaupt in der freien Benutzung ihrer Waldungen einem starken Zwang im Landesculturinteresse zu unterwerfen, erscheint für unsere Culturstufe mit ihrem scharf ausgeprägten Eigenthumsbegriff vorläufig unausführbar, zumal Beschränkungen des Eigenthums ohne Entschädigung aus Gründen des öffentlichen Wohles in den deutschen Staaten (in Preußen nach Art. 9 der Verfassungsurkunde) unzulässig sind. Aber vielleicht dürfte mit der Zeit der Waldbesitz nach anderen Grundsätzen beurtheilt werden, als anderes Eigenthum, und ein weiteres Fortgehen auf dem Wege des Waldschutzes dort noch in Aussicht stehen, wo der Verwüstung der Waldungen unbedingt ein Ziel gesetzt werden muß. Macht doch schon vor Jahr und Tag den denkenden Forstmännern und Volkswirthen die Frage Sorge, wie anders sich der übermäßigen Entwässerung und der damit zusammenhängenden Entwaldung entgegenwirken lasse. Bestätigt nicht genugsam die Erfahrung, daß das uneingeschränkte Dispositionsrecht zur Devastation führt; ist es nicht lediglich die maßloseste Selbstsucht, mit der viele Private ein unverständiges System raubmäßiger Ausbeutung betreiben; verwirklicht sich nicht hier das Bibelwort, daß die Sünden der Väter heimgesucht werden sollen an den Kindern? — Allenthalben zeigt sich der Fluch leichtsinniger Entwaldung; wir finden wahre Schandflecke der Waldverwüstung, bei deren Anblick wir uns sagen müssen, daß es nicht so fortgehen kann.

Von der Gesammtfläche der Wälder Deutschlands befinden sich im Besitz des Staats 34,10% (47166 qkm), in dem der Stadt- und Landgemeinden 19% (26280 qkm), in dem der Kirchen, Geistlichen und Instituten 1,3% (1798 qkm) und in dem der Privaten 45,60% (63143 qkm).

Also fast die Hälfte der gesammten Waldfläche Deutschlands liegt in unsicheren Händen.

Es wird auf die Zufuhr von außen verwiesen. Allerdings liefern in Europa zur Zeit noch Rußland, Oesterreich, Norwegen und Schweden bedeutende Massen Holz; allein in Rußland sind die Wälder so ungleichmäßig über das ganze Land vertheilt, daß sich in vielen Gegenden der südlichen Gouvernements ein sehr empfindlicher Holzmangel fühlbar macht, während im Norden ein großer Ueberfluß herrscht, obschon auch hier die den Ausfuhrhäfen zunächst liegenden Gebiete ihrer Holzbestände beraubt sind; in Oesterreich zeigt sich bereits Holzmangel in Dalmatien, Istrien, in der ungarischen Tiefebene und einigen anderen Landstrichen, wie in Galizien; in Norwegen sind die Wälder durch rücksichtslose Ausbeutung über Gebühr gelichtet, und die steigende Einfuhr von Kohlen [1]) beweist zur Genüge die Unzulänglichkeit des einheimischen Brennmaterials. Nur in Schweden wird der rationellen Pflege der Wälder besondere Aufmerksamkeit gewidmet, und es kann dort der jährliche Abnutzungssatz auf 29 Mill. cbm. geschätzt werden, wovon 2¼ Mill. cbm. ausgeführt wurden. Alles dieses gibt keine Beruhigung für die Zukunft, namentlich nicht in Rücksicht auf die holzarmen Länder wie England, Frankreich, Belgien, Holland, Dänemark und Portugal, und wenn auch die überseeischen Länder Kanada, Nordamerika, Brasilien ꝛc. vorläufig noch mit Holz aushelfen, so ist doch bei den dortigen bedeutenden Waldverwüstungen [2]) nicht mehr lange und jedenfalls durch den mit der zunehmenden Entlegenheit immer kostspieliger werdenden Transport nur gegen Zahlung hoher Preise darauf zu rechnen.

[1]) 1856—60 jährlich 1 Mill., 1875: 3½ Mill. t.

[2]) Mit Feuer und Axt werden dort jetzt die Wälder vertilgt, wie vor grauen Jahren in Deutschland.

Bei dem Allen muß das Streben darauf gerichtet sein, daß Deutschland sich vom Auslande unabhängig macht. Zu dem Zwecke müssen wir die Verhältnisse nehmen, wie sie zur Zeit thatsächlich sind und darauf bauen, daß die Steigerung des Holzverbrauchs in Folge der Zunahme der Bevölkerung und der Erweiterung der Industrie durch Intensität der Forstwirthschaft ausgeglichen werden wird. Stellen wir uns auf diesen Standpunkt, so müssen wir zugeben, daß die jetzige Bewaldungsziffer mit 25,63 % der Gesammtfläche Deutschlands nicht entspricht und daß, um den Holzverbrauch selbst zu befriedigen, noch 3,37 % der Gesammtfläche oder eine Fläche von 18 219 qkm aufzuforsten wären.[1]) 28,99 oder rund 29% der Gesammtfläche würde also für Deutschland die **Normal-Bewaldungsziffer** für die zeitige **Deckung des Holzverbrauchs** sein.

Dagegen wird aber eingewandt werden, daß durch die Erweiterung der Forstwirthschaft die **Landwirthschaft** zurückgedrängt werden würde und daß doch die Produktion von Brot und Fleisch in erster Linie stehen müsse. Dieser Einwand kann in der That stutzig machen. Der Wald liefert dem Menschen direct wenig Nahrung. Es ist demnach durchaus gerechtfertigt, den Wald zu roden, wo man des Ackerlandes bedarf und wo dasselbe wirklich dauernd gute Ernten liefern kann; aber man sollte niemals weiter gehen als wirklich nothwendig ist. Bis vor 25 Jahren hat der Ertrag des Ackerbodens Deutschlands Bevölkerung zu ernähren vermocht, in guten Jahren blieb noch Getreide zur Ausfuhr übrig. In Folge der starken Zunahme der Bevölkerung ward daß deutsche Reich jedoch allmählich vom Auslande abhängig, trotzdem die Cultur entschieden an Intensität und dem entsprechend an Ertrag erheblich zugenommen hat. Vor 10 Jahren genügte noch eine Zufuhr von 5—6 Mill. Ctr.

Der Werth der deutschen Ein- und Ausfuhr für 1876 betrug in Tausenden Mark:

---

[1]) Die jährliche Nutzholzerzeugung auf 1 ha Waldboden zu 2 Festmeter gerechnet.

	Einfuhr	Ausfuhr
für Getreide und Mühlenfabrikate	595 000	222 158
für Thiere u. animalische Nahrungsmittel	401 300	301 000
Sämereien, Früchte, Gewächse . .	130 400	78 649
überhaupt:	1 126 700	601 807
Daher Mehreinfuhr:		524 893.

1877 sind 1014 Mill. kg Getreide mehr ein- als ausgeführt. Die Einfuhr an Weizen betrug 1872 : 360 Mill. kg, nahm jährlich zu, und bestand 1878 aus 960 Mill. kg. — 1879 sind von Roggen 5 250 000, von Hafer 270 000, von Mais 860 000, von Hülsenfrüchten 235 000 Doppel-Centner à 100 kg mehr, dagegen von Weizen 1 450 000 und von Gerste 1 200 000 Doppel-Centner weniger, als im Jahre 1878 eingeführt worden. Im Jahre 1879 war nämlich die Mehreinfuhr von Weizen 3 118 990, von Roggen 13 217 550, von Gerste 617 250, von Hafer 2 063 160, von Mais 1,846 190, von Reis 827 640, von Hülsenfrüchten 228 360, von Malz 560 710 und von Mehl ꝛc. 109 270 Doppel-Centner, während die Mehrausfuhr in verschiedenen Getreidearten mit 46 750 Doppel-Centner und in Kartoffeln mit 5 480 440 Doppel-Centner bestand. Von Januar bis Ende Oktober 1880 betrugen die Ueberschüsse der Einfuhr über die Ausfuhr: bei Weizen 26 502, bei Roggen 5 277 034, bei Gerste 189 734, bei Hafer 916 691, der Ueberschuß der Ausfuhr über die Einfuhr bei Hülsenfrüchten hingegen 132 898 Doppel-Centner.

Unter den ausführenden Ländern ist jetzt noch Rußland das hervorragenste; es nahm Theil an unserer Getreide-Einfuhr mit 40% der gesammten Einfuhr. Hierauf folgen Oesterreich, Amerika, Belgien, Holland, Frankreich, Dänemark, Rumänien ꝛc.

Die Statistik lehrt, daß die Zufuhr des Getreides in allen Ländern stetig wächst. Betrachtet man die Zufuhr eines Landes und die Produktion desselben zusammen, so ergibt sich, daß der Bedarf an Brotkorn auch pro Kopf von Jahr zu Jahr wächst. Die Produktion an Getreide in Deutschland ist eine fast ganz stetige geblieben, die Landwirthschaft hat die Grenze der Getreideproduktion bereits erreicht, der wachsende Bedarf kann also nur durch die wachsende Einfuhr gedeckt werden, für welche in erster Linie Amerika in Betracht kommt. Es gewinnt den Anschein, als werde ganz Europa auf die Dauer nicht im Stande sein, der Uebermacht dieser jungen Cultur der großen überseeischen Republik zu widerstehen, als gehe unser Welttheil dem Schicksal entgegen, mit der Zeit wirthschaftlich unterjocht zu werden.

Die Landwirthschaft bildet zwar heute noch die Basis der Existenz Deutschlands, aber vorwiegend Ackerbaustaat ist das Reich doch heute nicht mehr. Dank dem Vorhandensein reicher Kohlen- und Erzlager hat im Deutschen Reich auch die Industrie im großartigen Stil Eingang und Entwickelung gefunden, wodurch jener besorgnißerregenden Perspektive das tröstliche Bild entgegen gehalten werden kann, daß wir immer mehr zu einer friedlichen und für beide ersprießlichen Arbeitstheilung mit Amerika gelangen, insofern als wir Getreide dorther beziehen und die Erzeugnisse unseres Gewerbefleisses abgeben.

Als der XIX. volkswirthschaftliche Kongreß im Oktober 1880 in Berlin tagte, faßte derselbe über die Versorgung Europas mit Brot folgende Resolution: Der Verbrauch an Brotkorn ist in stetigem Wachsthum begriffen, während die europäische Produktion schon jetzt ungenügend ist und nicht wesentlich mehr zunehmen kann. Das Deficit müssen wir aus dem Auslande, namentlich aus der Hauptkornkammer Amerika, beziehen; die einheimische Landwirthschaft wird sich mehr und mehr mit Viehzucht und dem Anbau höherer Culturgewächse zu befassen haben. Den Ausgleich für die Getreidezufuhr müssen wir in dem Export von Industrieprodukten suchen 2c.

Beherzigen wir diese Resolution, und prüfen wir die landwirthschaftlichen Culturverhältnisse Deutschlands und ob denn wirklich die landwirthschaftliche Produktion durch die Erweiterung der Forstcultur Einbuße erleiden kann.

Blicken wir auf die Uebersicht der Bodenwirthschaft, so finden wir in Deutschland 60,76 % der Gesammtfläche und auf den Kopf der Bevölkerung 0,77 ha landwirthschaftlich bebaut. Es stehen zwar nur wenige Staaten Europas so günstig, allein Deutschlands Boden ist im allgemeinen arm.

Im Jahre 1878 nahmen im Deutschen Reiche von der Gesammtfläche ein %: 47,83 Ackerland, 0,43 Gartenland, 0,25 Weinberge, 10,06 Wiesen und 2,88 reiche Weiden. Von der gesammten Ackerfläche nahmen ein %: die bestellte Ackerfläche 85,19, die unbestellte Ackerfläche 14,81, Roggen 23,03, Hafer 14,58, Kartoffeln 10,68, Klee 7,92, Weizen 7,04, Gerste 6,90, Runkelrüben 1,95, Erbsen 1,82, Lupinen 1,61, Spelz 1,57, Buchweizen 0,96, Luzerne 0,90, Wicken 0,89, Raps 0,69 und Flachs 0,52.

Im Jahre 1879 betrug im Deutschen Reiche (ohne Lippe) die Gesammt-Erntemenge Tonnen von:

Roggen.	Weizen.	Spelz.	Gerste.	Kartoffeln	Hafer.	Wiesenhen
5562435	2278696	460288	2057358	18904596	4264255	21076490

Vom Hektar wurden durchschnittlich geerntet Tonnen:

Roggen.		Weizen.		Spelz.		Gerste.		Kartoffeln.		Hafer.		Wiesenheu.	
1878	1879	1878	1879	1878	1879	1878	1879	1878	1879	1878	1879	1878	1879
1,17	0,94	1,44	1,26	1,18	1,18	1,44	1,27	8,57	6,85	1,35	1,14	4,09	3,57

Diese statistische Darstellung erweist, daß Deutschland vorzugsweise Roggenboden mit geringen durchschnittlichen Ernteerträgen besitzt. Die Gebirgsgegenden sind fast ohne Ausnahme von geringer Fruchtbarkeit, und während sich im Hügellande lachende Fluren über die Thäler und weiteren Verflachungen zwischen den Bergzügen ausdehnen, zeigt sich wieder im Flach- oder Tieflande ein tristes Bild, indem der Boden überwiegend loser Sand ist, der nur spärlich Pflanzen von geringer Nahrungsbedürftigkeit erzeugt. Die Landwirthschaft kann aber mit Erfolg und mit Nachhaltigkeit nur auf solchen Bodenarten betrieben werden, welche genügend reich an denjenigen Bestandtheilen sind, die durch ihre Verwitterung Pflanzennährstoffe zu liefern vermögen. Je ärmer ein Boden daran ist, um so rascher wird er erschöpft. Die Größe der Ackerfläche thut's nicht. „Im Stall zu viel Vieh und unterm Pflug zu viel Land bringt das Gut in fremde Hand!" sagt ein altes bewährtes Sprichwort. Peters „die Heideflächen Norddeutschlands" sagt: „Fünf Morgen schlechter Acker müssen fast fünfmal mehr gepflügt werden als ein Morgen guter, sie erfordern fast fünfmal soviel Einsaat und fünfmal soviel Dünger als ein Morgen guter, liefern aber nicht mehr Früchte als jener eine Morgen und daher fast gar keinen Reinertrag; sie entziehen dem besseren Boden das seinige und werden nicht aus sich selbst, sondern von diesem besseren Boden auf seine Kosten erhalten. In einer recht ausgeprägten Heidwirthschaft erfordert der Morgen fast jährlich 15 Hand- und 3 Spannarbeitstage und liefert oft keinen Sack Korn"! Die landwirthschaftlichen Verhältnisse haben sich zudem in der letzten Zeit derart gestaltet, daß der Ackerbau in der eigentlichen Heide eine genügende Verzinsung des Grund- und Betriebskapitals nicht gewährt. Sobald das aus früheren Zeiten stammende Waldkapital aufgezehrt ist und aus demselben die gesteigerten Bedürfnisse nicht mehr befriedigt werden können, haben die Heidhöfe ihre landwirthschaftliche Existenzfähigkeit verloren.

Wo gar in der verderblichen Heidplaggen-Düngung Rettung gesucht wird, da ist des Bleibens nicht mehr lange; denn hier sind 10 ha Heide zur Krafterhaltung nur eines ha Ackerlandes erforderlich, also die Bodenrente dieser 11 ha eine verschwindend kleine, zumal die Kosten der Plaggengewinnung so bedeutend sind, daß von den kärglichen Erträgen nur ein sehr geringer Ueberschuß bleibt. Nach Angaben des Professors Wicke „Die Heide und ihre Bewohner" sind im Kreise Ahaus, Regierungsbezirks Münster, in 4 Aemtern in nicht sehr großem Zeitraum über 27 Höfe, meist größere Colonate, eingegangen. Die Besitzer verzweifelten an ihrem Fortkommen und haben ihre Zuflucht in der Auswanderung nach Amerika gesucht. Der häufig in den Sand- und Moorgegenden bei Mißernten eintretende Nothstand ist ja allbekannt.

Der Sandbauer hat eine schwierige Aufgabe. Der lose Sandboden ist an und für sich sehr arm. Er erfordert nicht nur große Arbeitskräfte, sondern auch bedeutende Düngermassen. Die Zufuhr von einem thonartigen Mergel, von Straßenkoth, Marscherde, Fluß- und Seeschlick ꝛc. steht dem Sandbauer selten zu Gebote. Künstliche Düngungsmittel allein sind nicht durchgreifend. Ihm bleibt also fast nur der Ausweg, die fehlenden Bestandtheile des Bodens in der Form des thierischen Düngers zuzuführen. Mit seinem eigenen Vieh, welches im Sommer auf den Heiden und Mooren weidet und im Winter mit Lupinen, Roggen-, Hafer- und Buchweizenstroh gefüttert wird, vermag er nur wenig guten Dünger zu gewinnen, und wenn er diesen auch noch durch Heideplaggen vermehrt, so hat er damit noch immer nicht die einer fortschreitenden Cultur entgegenstehenden Schwierigkeiten überwunden. Durch Hacken und Brennen des Heidehumus wird der Sandbauer wol einige Jahre Früchte erzielen, auf diese Weise aber den Boden erschöpfen, und ist er nicht im Stande, gute Erde und Dünger, oder zur Vermehrung seines Viehstandes, Stroh und Heu aus entfernter Gegend sich zu verschaffen, so wird er die Cultur nicht fördern können und verarmen müssen.

Der Moorbauer hat da, wo die Torfsubstanz noch ganz vorhanden ist, eine noch weit schwierigere Aufgabe als der Sandbauer. Mit den besonderen von diesem zu überwindenden Schwierigkeiten verbindet sich für ihn noch der schwerwiegende Umstand, daß die Cultur auf diesem Boden immer und zumal in nassen Jahren sehr mißlich bleibt. Nur an denjenigen Stellen, woselbst der Torf weniger mächtig steht oder fast gänzlich hinweggeräumt ist und übererdet werden kann, wird der einträgliche Getreide- und Futterbau getrieben. Der Moorbauer kann aber diesen Ackerbau auf mächtigem Moore nicht unternehmen, ohne die Anlage auf Torfhandel zu begründen und ohne für vollständige Entwässerung des Moores gesorgt zu haben, und die Erfüllung dieser Bedingungen übersteigt oft das Maß seiner Kräfte.

Daraus erklärt sich der elende Zustand der Colonien, welche mit dem Beginn des vorigen Jahrhunderts in den wilden, oft unzugänglichen Sand- und Moorgegenden Norddeutschlands planlos, ohne hinreichende Verbindungen und ohne begründete Erwerbsquelle angelegt wurden. Es ist dadurch eine vermehrte Bevölkerung festgesetzt, welche wesentlich ihren Unterhalt auf die abscheuliche Brandcultur gegründet und nothwendig verarmen muß, sobald dieser Bau nicht mehr nachhaltig in gleicher Ausdehnung und mit gleichem Erfolge fortbetrieben werden kann.[1])

Das eintönige Leben läßt den Sand- und Moorbauer in der Cultur sich nicht über seine Armuth erheben. Dies spricht der Dichter Thorlackson, der Uebersetzer von Miltons Paradies in der Sprache der Edda, rührend aus, indem er sagt: „Seit ich die Welt betrat, bin mit der Armuth ich vermählt; seit 70 Wintern drückt sie mich an ihren Busen, und ob wir hier auf Erden noch geschieden werden, daß ist nur dem bekannt, der uns verband".

Es fristen denn auch in diesen Moor- und Heidegegenden verhältnißmäßig nur wenige Menschen ihr Leben. So sinkt z. B. in den so recht im Herzen der lüneburger Heide belegenen alten „Veesteien" Munster und Oerrel die Einwohnerzahl auf durchschnittlich 350 pro Quadratmeile. Dort sitzt auf 250 bis 500 ha eine einzige Bauernfamilie mit einigem Gesinde. Die trockenen, den Winde so überaus stark ausgesetzten Sandfelder liefern nur bei nassen Jahren mäßige Ernten.

Beklagenswerth ist ebenso die in den süddeutschen Gebirgen betriebene Wechselwirthschaft von Wiese und Feld (Feldgras-, Egarten-, oder Egertenwirthschaft). Alle 10 Jahre wird die Rasendecke einmal abgeschält und ververbrannt. Dem mit der Asche gedüngten Boden wird

[1]) Dieser primitiven Cultur wollen wir damit im Interesse von Tausenden armen Heide- und Moorbewohnern, welche durch dieselbe Heil und Segen erwarten, nicht auf einmal den Todesstoß wünschen, sondern baldigst der Gewährung der nöthigen Bedingungen zur bessern Cultur entgegensehen. Schon 1861 bemerkten wir in unserem Werk „Ueber Moorwirthschaft und Fehncolonien" S. 219 bezüglich Ostfrieslands: Man hat so planlos und unbegrenzt die Colonisten ansiedeln und dadurch die Brandcultur an Ausbreitung so zunehmen lassen, daß es jetzt nur noch sehr wenige Strecken gibt, wo das Moor unberührt liegt und nothwendig Verarmung eintreten muß, wenn nicht auf andere Weise den Colonisten unter die Arme gegriffen wird. Es muß daher eine vorzügliche Aufgabe des Staats sein, zunächst die alten Sünden wieder gut zu machen und jene Colonien zu heben, ihre unglückliche Lage zu verbessern, sodann aber auch überhaupt der Natur des Landes die möglichsten Vortheile abzugewinnen.

eine Kartoffelernte und dann noch eine Roggenernte abgewonnen, worauf der beraubte, mißhandelte Boden acht Jahre lang sich selbst überlassen bleibt. Das sog. Scheffelland dient dann zur spärlichen Grasnutzung und Weide.

Ferner sehen wir auf den kahlen Muschelkalkbergen, wie hier und dort den Lehden in den wenig geneigten Lagen alle drei bis vier Jahre ohne alle vörgängige Düngung eine oft sehr dürftig ausfallende einjährige Hafer- oder Buchweizen-Ernte abgewonnen wird und wie an den Abhängen die Hufe der Schafe vernichtend auf die Vegetation einwirken, der Art, daß diese Berge oft einen betrübenden Anblick gewähren.

Auch der Waldfeldbetreib oder der Waldbetrieb mit landwirthschaftlichen Zwischennutzungen ist nur ein sehr unvollkommenes System der Landwirthschaft und wird die Intensität nie steigern, während der Wald dabei nothwendig leiden muß. Allerdings bildet der Wald bei guter Pflege durch die Vermehrung des Humus einen Ueberschuß von Bodenkraft, und es könnte, sofern bei bleibender Bestockung nur dieser verzehrt werden würde, unter sonst günstigen Ortsverhältnissen von Zeit zu Zeit eine Doppelnutzung angebracht sein [1]; allein wo, wie gewöhnlich, die Bodenkraft ungebührlich und nachhaltig in Anspruch genommen wird, da geht's bald mit der Land- und Waldwirthschaft den Krebsgang, und Verödung ist das Endergebniß. Abhängiger oder magerer Waldboden, Verbrennen der Bodendecke rc. beschleunigen diesen Entwickelungsgang.

Allenthalben dort, wo die Landwirthschaft aus irgend einer Ursache ihr gedeihliches Feld nicht findet und die Forstwirthschaft dauernd höhere Erträge verspricht, da ist volkswirthschaftlich der Waldbau an seinem Platze.

Wo mit der Landwirthschaft nicht mehr fortzukommen ist, da muß es wol der Wald sein, wenn Bodenrente geschaffen werden soll. In allen diesen Fällen ist aber zuvor zu ermitteln, wie die Netto-Einnahme des landwirthschaftlichen Betriebes sich zu dem Ertrage der Waldzucht stellen wird; denn wo Brot und Fleisch producirt werden, da

[1]) Bernhardt, die Haubergswirthschaft in Kreise Siegen, Münster, 1867.

muß Sicherheit sein, daß die Waldzucht ihren Zweck erfüllt, daß sie ein höheres Einkommen wirklich darzustellen vermag.

Es können aber auch Verhältnisse vorkommen, wo Verwandlungen von Feld in Wald sich empfehlen, selbst wenn kein direkter Reinertrag in Aussicht steht, z. B. zur Arrondirung und zur Steigerung der Rentabilität eines vorhandenen älteren Waldbestandes. Dann kommen in waldarmen Gegenden alle die Lagen, wo die Landwirthschaft besser in den Ringmauern des Waldes gedeihen würde, wo der Wald in der großen Haushaltung der Natur als Schutzgewölbe des Lebens geboten ist, auf welchen Waldzucht getrieben werden muß.

Anderseits haben wir zu prüfen, welcher Waldbesitz nützlicher zu Acker- und Wiesenbetrieb zu benutzen sein würde. Im Hochgebirge und an Berghängen behauptet der Wald sein Naturrecht, denn die Landwirthschaft verlangt ein milderes Klima und eine ebenere Lage als der Wald; auch gibt es Stellen, wo der Wald Quellen speist, wo er zur Festhaltung der Erdkrume auf Bergen und Abhängen, zur Beschützung des Bodens vor den Abspülungen und Einbrüchen von Flüssen, Strömen und Wildbächen, zur Beschützung der Dünen und Küsten gegen die Abspülungen des Meeres und das Vordringen des Sandes 2c. unentbehrlich ist, und als unbedingter Waldboden angesprochen werden muß; aber es gibt doch noch manche Waldpartie, die in landwirthschaftlicher Benutzung höhere Reinerträge zu liefern vermag, ja einer vortheilhafteren Bewirthschaftung im volkswirthschaftlichen Interesse und ohne Benachtheiligung der Umgegend Platz machen kann, zumal wenn zugleich darauf Bedacht genommen wird, überall dort die Walddecke wieder zu erneuern, wo ihre Zerstörung schädigend gewirkt hat, wenn namentlich partielle Ausgleichungen in Gemarkungen eintreten, durch welche dem Orte nahe gelegene fruchtbare Waldländereien dem Feldbau, entferntere magere Lagen dem Waldbau zugewiesen werden. Die Wiederbewaldung soll ja überhaupt nicht den Pflug verdrängen, sondern hauptsächlich mit die physischen Bedingungen der Landwirthschaft heben.

Daß vor allen Dingen die Höhenzüge gewahrt werden,

ist im Vorstehenden begründet; aber auch in der Ebene sollte man größere zusammenhängende Waldungen nicht zerreißen, weil deren Erhaltung offenbar eine günstige Einwirkung auf das Quell- und Bodenwasser 2c. ausübt, während man hier kleinen zerstreut liegenden Gehölzen eine Bedeutung in dieser Beziehung nicht beimessen kann. Will man recht volkswirthschaftlich zu Werke gehen, so wähle man zur Umwandlung nur fruchtbaren Waldboden, denn, wie aus den Vorhergehenden hervorgeht, der Anbau schlechten Grundes ist wie derjenige zu steilen Geländes ein landwirthschaftliches Elend; sobald die Waldkraft ausgenutzt ist, steht der Bankerott vor der Thür. — Will man auch den neueren Anforderungen gerecht werden und sich mehr mit Viehzucht und dem Anbau höherer Culturgewächse befassen, so werfe man vorzüglich auf Thäler und Niederungen sein Augenmerk, da diese in der Regel sich zu weit einträglicheren landwirthschaftlichen Benutzung, namentlich zum Wiesen-, Mais-, Rüben- und Hopfenbau, zu eigenen pflegen und die Bewaldung hier lange nicht eine solche Wichtigkeit besitzt, wie in den höheren Lagen.

Von dem rein volkswirthschaftlichen Standpunkte aus ist es weder zu rechtfertigen, einen fruchtbaren Lehmboden in ebener Lage dem Waldbetriebe zu belassen, noch zu vertheidigen, steile oder magere Ackerflächen dem Waldbau entziehen zu wollen.

Riehl sagt: „Jahrhunderte lang war es eine Sache des Fortschrittes, das Recht des Feldes einseitig zu vertreten; jetzt ist es dagegen auch eine Sache des Fortschrittes, das Recht des Waldes zu vertreten neben dem Rechte des Ackerlandes. Und wenn sich der Volkswirth noch so sehr sträubt und empört wieder diese Thatsache, so muß der volksforschende Social-Politiker trotzdem beharren und kämpfen für das Recht des Waldes".

Mit der Ausgleichung von Feld und Wald wird aber unser Ziel nicht erreicht, und wir würden für die Zukunft große Besorgniß hegen, wenn nicht Deutschland uns noch Gelegenheit böte, die schlafenden Erzeugungskräfte noch mancher **öden Gründe** erwecken und beleben zu können.

In volkswirthschaftlicher Hinsicht ist es gewiß von

größtem Werth, daß die ausgedehnten Strecken, welche in völliger Wildniß sich selbst überlassen sind, zur Cultur herangezogen werden, indem die Produktionsfähigkeit jener Gegenden erhöhet und die wenig lohnende Weide durch bessere Benutzung jener Bodenflächen verdrängt wird. Wie sehr durch die Cultur so ertragloser Flächen das Landesvermögen gewinnt, sehen wir besonders in den südfranzösischen Departements der Gironde und Gascogne, wo seit 1810 Hunderttausende ha öder Heidesandsteppen und Moräste in ergiebige Kieferwaldungen verwandelt sind.

Wir finden die wilde Weidewirthschaft auf den Hochgebirge in Süddeutschland, auf der Eifel und dem Hohen Venn in der Rheinprovinz, in den östlichen Provinzen, in Westfalen und besonders im norddeutschen Flachlande.

Deutschland besitzt 52 382 qkm oder 9,70 % der Gesammtfläche Oedland. Davon fallen allein auf die Provinz Hannover 10 131,48 qkm. Moore und mit Heide bedeckte Flächen. Das unglücklichste Verhältniß besteht in der Landdrostei Osnabrück, wo es in Lingen 60%, in Bentheim 74% und in Arenberg-Meppen sogar 80% uncultivirten Bodens, hauptsächlich Heide und Moor, gibt.

Wer die weiten Moor- und Heidewüsten in Norddeutschland kennen gelernt und die endlos erscheinenden Einöden auf sein Gemüth hat wirken lassen, wird neben dem poetischen Gefühl, das diese Landschaften in dem empfänglichen Beschauer erregen, auch ein Gefühl des tiefen Bedauerns nicht haben unterdrücken können, daß all' das Land zu keinem anderen Zwecke vorhanden war, als zur Brandcultur, zum Heid- und Plaggenhieb und um den Heerden der kümmerlichen Heidschnucken zur magern Weide zu dienen. Es ist doch gewiß wünschenswerth, daß diese Gegenden ein anderes Gesicht bekommen und nutzbringender werden.

In erster Linie wollen wir den landwirthschaftlichen Standpunkt in's Auge fassen und prüfen, welche Oedflächen sich zum Feldbau eignen.

Zunächst sind für diesen Zweck die Moorflächen auszuscheiden. Zahlreiche und blühende Moor- und Fehncolonien in Ostfriesland, Oldenburg, in Bremen'schen und Osnabrück'schen bilden den Anfang zur Urbarmachung der gewaltigen Moore. Wo der Untergrund leicht zu erreichen ist, leistet die Dammcultur vorzügliches. Im Uebrigen haben wir aber gesehen, daß die Cultur auf den Hochmooren mit großen Schwierigkeiten zu kämpfen hat. Erst wenn sie durch die Ausbeutung der Torfmasse sich dem unterliegenden Grunde nähert, kann dieselbe vortheilhaft werden. Dazu gehören Absatzwege. Die allein brauchbaren und gewinnbringenden Absatzwege für den Torf sind Canäle; sie sind überhaupt die Lebensadern der Moorgegenden, indem dieselben nicht bloß durch Verschiffung dem Torfe den wohlfeilsten Absatzweg schaffen, sondern auch die erforderliche Entwässerung zweckmäßig vermitteln, sowie den Bezug der Bedürfnisse der Moorbewohner, namentlich an Futter für das Vieh, sowie an Schlick, Straßenerde, Dünger 2c. zur Urbarmachung des durch Abtorfung gewonnenen Leegmoores, als Rückfracht der heimkehrenden Schiffe, billig bewirken. Da aber die Canalisirung im Moore nur sehr allmählich von Statten gehen kann, auch der Torfhandel keine Ueberproduktion erträgt, so bleibt die völlige Urbarmachung der Torfmoore in eine ferne Zeit gerückt, und es dürfe sich deßhalb empfehlen, vorläufig darauf Waldbau zu treiben, zumal durch die damit eintretende Entwässerung und Comprimirung der künftige Werth des Moores zu Torfnutzung erheblich gehoben werden wird.

Bei anderen Oedländereien ist eine vorsichtige allmähliche Umwandlung in Feldbau nach Salfeld nur unter den Vorbedingungen anzurathen, daß:

1. der Boden entweder nicht von Nässe leidet, oder die Drainagekosten lohnt;
2. der Boden zu den besseren, lehmigeren zu zählen ist, wo nach einer Mergelung oder Kalkung rother oder weißer Klee sicher geräth;
3. das alte Ackerland in Folge eines technischen Betriebs oder anderer ausnahmsweise günstiger Umstände Dünger zeitweilig entbehren kann; oder
4. dem alten Ackerlande in Folge der Einführung einer schonenderen Fruchtfolge ohne Eintrag ein Theil der bisherigen Düngung entzogen werden kann; oder

5. der Bewirthschafter ausreichende baare Kapitalien besitzt, um lohnende Düngmittel anzukaufen.

Der tüchtige und erfahrene vormalige Landwirth und jetzige Schriftsteller Dr. Salfeld „Die Cultur der Heidflächen“ sagt zu dem: „Immerhin bleibt die Vergrößerung des Ackerlandes auch bei besserem Heidboden ein gewagtes Unternehmen, wobei viel Scharfsinn erforderlich ist. Bei der Cultivirung entfernter Flächen wachsen außerdem die Kosten. Wo bei technischen Gewerben ein Ueberfluß von Dünger vorhanden ist, wo eine Heidfläche in der Nähe einer größeren Stadt liegt, oder wo Seeschlick billig zu beschaffen ist, treten andere Umstände ein; da mag auch selbst eine Cultivirung des schlechteren Bodens als Acker den höchsten Reinertrag gewähren. Ohne diese aufgeführten Vorbedingungen ist es ein Unding, nicht kleefähigen, abgeplaggten Heidboden in Ackerland umwandeln zu wollen. Die Culturkosten sind immerhin ziemlich bedeutend; ob diese bei einer Bodenrente von 8 Mark pro ha, welche wir bei einer besseren Bewirthschaftung berechnet haben, erstattet werden, ist sehr fraglich. Das Zurückgehen vieler Lüneburg'schen Hofbesitzer, welchen es in ihrer Wirthschaft zu enge war und welche deßhalb armen Heidboden urbar machten, beweist unsere Behauptung.“

Thaer sagte: „Reinen Sand urbar machen zu wollen ist ein mißlicheres Unternehmen, als auf Sand zu bauen.“

Auch der landwirthschaftliche Anstaltsdirektor Enckhausen im Lünneburgischen spricht im IX. Hefte von Burckhardts „Aus dem Walde“ in demselben Sinne und zugleich sehr warm für die Beforstung der Heiden. Ebenso der Landwirth Peters „Die Heideflächen Norddeutschlands“ und viele andere Sachkundige.

Der reine Sand ist in der That, selbst mit Lupine und Schafschwingel, nicht werth, daß er beackert wird, indem er den Dünger wahrhaft verschlingt, auch ihm Mergel und Kalk nicht dienlich ist. Solche Flächen überweise man der Forstcultur, welcher sie von Rechtswegen zukommen[1]).

---

[1]) Wir verweisen auch auf unsere Schrift „Die Verwandlungen der öden Gründe“. Straßburg. Trübner 1876.

Von den Hochgebirgen und Berghängen, wo der Wald sein Naturrecht behauptet, müssen wir von selbst ganz absehen.

Wenn wir nun von der disponiblen Oedlandfläche diejenige abziehen, welche zur Deckung des Holzverbrauchs aufzuforsten wäre, so verbleiben für die landwirthschaftliche Cultur noch 34163 qkm oder 6,31% der Gesammtfläche Deutschlands. Ueberhaupt würden 67,07% dieser Fläche auf vorbezeichnetem Wege in landwirthschaftliche Cultur treten können, womit mehr als das zeitige Bedürfniß an Getreide im Inlande zu gewinnen wäre; denn rechnet man auf den ha die Getreideernte durchschnittlich nur zu 1,20 t, so wird mit der Verwandlung und Benutzung der vorbezeichneten Oedlandfläche die Mehreinfuhr reichlich 2 mal gedeckt. Die landwirthschaftliche Produktion würde also durch die Erweiterung der Forstcultur keine Einbuße erleiden, vielmehr durch ein zweckmäßigeres Verhältniß von Wald und Feld gehoben werden. Dabei ist hervorzuheben, daß jene Oedfläche für die landwirthschaftliche Cultur nur als Maßstab gelten mag, indem sie wenigstens theilweise für die Waldausrodungen Ersatz bieten und dem Waldbau dienen muß.

Wir wollen nun noch andeuten, in wie weit der Wald auch eine Verbesserung des Bodens mit Bezug auf Humusvermehrung zu bewirken, beziehungsweise denselben zu einem lohnenden Feldbau vorzubereiten vermag.

Der Acker- uud Wiesenboden verzehrt fortwährend seine Nährstoffe, und wird er nicht in rationeller Weise bearbeitet und gedüngt, so muß er allmählich verarmen. Anders verhält es sich dagegen bei der Waldcultur. Bei der richtigen Wahl der Holzarten und bei der richtigen Weise des Betriebes düngt der Wald sich selbst, indem der Baum den weitaus größeren Theil seiner Nahrung aus der Luft nimmt und sowohl durch den natürlichen Abfall der Blätter oder Nadeln, der Astbrüche und Wurzelreste einen Theil der dem Boden durch die Wurzeln entzogenen mineralische Stoffe wieder zurückgibt, als auch durch die organischen Verbindungen der Abfälle für den Boden eine reiche Humusquelle schafft. Während der Schatten der dichten Belaubung dem Boden seine Feuchtigkeit erhält, arbeitet die Verwesung fort und fort und erzeugt überdies die immer stärker werdende Humusdecke des Waldes, welche unter seinem Schirmdache sich nicht verflüchtigen kann. Dabei entnimmt der Baum seine Nahrung nicht allein aus jener verhältnißmäßig seichten Schichte des Bodens, aus welcher die Wiesen- und Ackerpflanzen dieselbe beziehen, sondern auch mit der größeren Zahl seiner Wurzeln aus einer ungleich bedeutenderen Tiefe desselben.

Je ärmer ein Boden an Pflanzennährstoffen ist, um so mehr wird derselbe durch Waldanbau bereichert. Es liegt zu Tage, daß in solcher Weise durch eine verständige Aufforstung armer Boden allmählich, wenn auch erst nach mehreren Menschenaltern, für späteren Ackerbau geeignet gemacht werden kann.

Die Landwirthschaft zieht zudem Manches aus dem Walde, was ihr zu Gute kommt; aber in den Wald bringt die Landwirthschaft nichts hinein. — Mancher Landwirth könnte nicht bestehen, wenn er nicht an dem Holzkapital zu zehren hätte, das seine Vorväter gesammelt haben.

Wir wollen schließlich die klingende **Rente**, welche der **Wald** gewährt, in Betracht ziehen, wobei natürlich nicht solche Aufforstungen in Frage kommen können, die lediglich im Landesculturinteresse geschehen und bei denen, wie z. B. in Gebirgsgegenden an steilen Abhängen oder in hoher Lage, so unendlich viele Schwierigkeiten zu besiegen sind, daß wol auf Geldopfer, nicht aber auf finanzielle Erfolge zu rechnen ist. Wir dürfen aber zur Aufforstung nicht bloß die schlechten Berghänge und Wehsänder nehmen, wir müssen auch dem Baume einen besseren Fleck gönnen, und in dieser Voraussetzung kann nur von einer Rentabilität die Rede sein.

Die Oedländereien haben nur einen höchst geringen Werth. In den Heiden des Flachlandes dienen sie meistens nur zur Beweidung mit Heidschnucken und zum Heide- und Plaggenhieb. Der Werths-Ertrag pro ha wird geschätzt:

in den Heiden Westphalens von M e i t z e n zu 0,40—3,10 M

" Hannovers " P e t e r s zu 1,60—2,40 M

" " " S a l f e l d zu 0,75—2,00 M

In den Gebirgsgegenden finden wir einen großen Theil schon völlig werthlos, während der übrige Theil eine sehr kärgliche, in den letzten Zügen liegende Weide gibt, deren Ertragswerth pro ha höchstens 4 Mark betragen mag.

Preußen hat nach den letzten amtlichen Ermittelungen 106 364 ha Acker- und Weideflächen, die einen geringeren Reinertrag als 0,30 ℳ pro ha ergeben.

Die preußische Regierung bezahlte für angekaufte Oed-, Acker- und Weideflächen, welche aufgeforstet werden, folgende Preise pro ha: in den westlichen Provinzen 84 bis 132 ℳ, in den östlichen 60 bis 108 ℳ. Die hannoversche Klosterkammer hat ausgedehnte Heidflächen zu dem Preise von 126—135 ℳ pro ha angekauft.

In Schleswig kaufte die provinzialständische Verwaltung eine zusammenhängende Fläche von 445 ha zu 60 ℳ und der Fiskus eine solche von 280 ha zu 63 ℳ pro ha.

Die jährliche Holzerzeugung in den Staatswaldungen auf 1 ha Waldboden beträgt:

	Derbholz Festmeter	Derbholz und Reisig Festmeter
Preußen	2,09	2,84
Bayern	3,87	4,01
Elsaß-Lothringen . . .	2,95	4,18
Baden	3,19	4,52
Hessen	4,00	5,15
Sachsen	4,44	5,38
Württemberg	4,62	5,55

Wenn man dabei noch in Betracht zieht, daß die jährliche Holzerzeugung auf 1 ha in der Provinz Posen 1,64, Westpreußen 1,85 Ostpreußen 1,87, Brandenburg 1,97, Rheinprovinz 2,00, Sachsen 2,07, Westfalen 2,19, Schleßwig-Holstein 2,34, Pommern 2,38, Hannover 2,59 und in Schlesien 2,81 Festmeter Derbholz beträgt; so erhellet, daß die Fruchtbarkeit des Waldes im Süden und Westen Deutschlands weit größer ist, als im Norden, was sich daraus erklärt, daß die Klima- und Bodenverhältnisse im Allgemeinen dort besser sind.

Von der Gesammtfläche der Staatswaldungen hat auf 1 ha betragen:

	Bruttoertrag ℳ	Reinertrag ℳ
Preußen 1869/73	15,99	6,92
Bayern 1872/77	28,50	18,66
Hessen 1866/68.	40,48	21,80
Baden 1872/77	45,70	36,87
Württemberg 1863/69	46,80	27,65
Elsaß-Lothringen 1872/77 . .	47,87	26,88
Sachsen 1867/71	48,30	34,28

Für den Privatmann steht jedenfalls ein höherer Reinertrag in Aussicht, da er günstige Conjuncturen abwarten, überhaupt Alles besser und bis in's Kleinste ausnutzen und verwerthen kann, sowie gar keine oder doch wesentlich geringere Verwaltungskosten zu tragen hat. Zudem verrichtet ein Privatmann die zur Forstcultur nöthigen Arbeiten mit seinen eigenen Spann- und Handkräften um Vieles billiger, als der Staat oder die Gemeinde. Man nimmt diese Arbeiten in einer Zeit vor, wo die Arbeitskräfte doch nicht gut zu verwerthen sind; der Preis der Arbeit braucht deßhalb nicht hoch gerechnet zu werden.

Die geringen Holzpreise der letzten Jahre dürfen nicht abschrecken. Sie sind hauptsächlich dem allgemeinen Rückgange von Handel, Verkehr und Industrie zuzuschreiben, und als eine vorübergehende Wirkung dieses zu betrachten[1]). Jedenfalls stehen die Holzpreise für den Waldbesitzer noch vortheilhaft, und obwol die Verhältnisse der Zukunft sich unserer Beurtheilung entziehen, so können wir doch mit Sicherheit annehmen, daß wie bisher so auch künftig die Holzpreise sich steigern werden und für die Waldcultur eine gute Rente in Aussicht stellen, umsomehr, da mit der rasch anwachsenden Bevölkerung der Holzverbrauch zunimmt und

[1]) Ob der Holzzoll schadet oder nützt, wird die Zeit lehren. Der Schmerzensschrei der Waldbesitzer mag berechtigt sein, aber er geht hervor aus der mißlichen Lage des Volkswohls überhaupt und entspringt nicht der ausländischen Concurrenz. Bei den hohen Holzpreisen im Jahre 1873 betrug die Einfuhr an Nutzholz 4 066 900 t, während dieselbe bei den geringen Holzpreisen im Jahre 1879 auf 2 622 400 t. sank. Die Ausfuhr an Nutzholz ist sich dagegen gleich geblieben; sie betrug 1873: 1 119 150 t und 1879: 1 121 400 t.

die Kohle immer weniger Mitbewerbung, weil kostspieliger zu gewinnen, bereitet.

„Häufige Calculationen auf Grund bescheidener Realerträge haben uns bei gewöhnlichem Heidboden dahin geführt, daß man diesen durch Holzanbau mehr als doppelt so hoch ausbringt, als wozu er bei uns angekauft zu werden pflegt ꝛc. Bezahlt man Mittelboden mit 114 ℳ pro ha, so bekommt man hiernach durch forstlichen Anbau die Auslage für Boden, Cultur, Verwaltung ꝛc. ersetzt und hat das Simplum des Bodenpreises als Erwerbsgewinn übrig, mithin bei 114 ℳ pro ha zu nur 3% = 3,42 ℳ Nettorente. (Dr. Burckhardt „Die Aufforstung der Heiden"; „Aus dem Walde" III. Heft).

Dr. Burckhardt schreibt dem Dr. Salfeld: daß er beim Ankauf freier Heidflächen von der Vorberechnung ausginge, daß der mit 120—144 ℳ pro ha angekaufte Boden durch Bewaldung einen durchschnittlichen Werth von 240 bis 300 ℳ erhielte, nachdem die Culturkosten, Steuern, Aufsicht, Verzugszinsen in Anschlag gebracht wären.[1]) Man dürfe sich nicht wundern, daß überhaupt Landwirthe geneigt wären, den Hektar freier Heidfläche zu 120—144 ℳ zu verkaufen, wenn diese Fläche durch Waldbenutzung einen Werth von 240—300 ℳ erhalte. Es erkläre sich dieses aus der Kurzsichtigkeit mancher Besitzer und auch daraus, daß Viele nicht in der Lage wären, während eines Zeitraumes von 70—80 Jahren auf die Zinsen zu warten.

Der als Schriftsteller bekannte und mit den Aufforstungen in den Heiden sehr vertraute Oberförster Emeis hat in der allgemeinen Forst- und Jagdzeitung im Januarhefte 1881 für Schleswig-Holstein als sicheres Minimum drei Prozent der angelegten Kapitalien berechnet, wenn die Arbeiten mit guter Kunde und Erfahrung eingesetzt werden. Nach unsern Ertragsberechnungen in den nordwestdeutschen Heiden müssen wir dem völlig beipflichten. Weit günstigere Ergebnisse werden natürlich unter besseren Verhältnissen gewonnen.

---

[1]) Burckhardt hat hier die Heiden Hannovers vor Augen. Auf besserem Boden und in Süddeutschland wird durch die Bewaldung der Bodenwerth sich noch wesentlich höher steigern.

In der forstlichen Reinertragsberechnung fallen neben der Hauptnutzung die Vorerträge sehr in's Gewicht, was wohl zu beachten ist, da diese früher eingehen und sich daher günstiger discontiren.

Bei den gangbaren Bodenpreisen macht man den besten Kauf am besten Boden und den schlechtesten Kauf am schlechtesten Boden, und wäre er noch so billig, weil er eine außergewöhnliche kostspielige Bodenbearbeitung nöthig macht und die Rentabilität unsicher läßt.

Die finanziellen Erfolge der Aufforstung von Oedflächen lassen sich hier nicht näher an's Licht stellen, weil die Verhältnisse gar zu verschieden liegen; allein darüber besteht (nach Burckhardt) kaum irgendwo ein Zweifel, daß bei den gangbaren Bodenpreisen und bei Gelegenheit zum Holzabsatz ein Unternehmungsgewinn in sicherer Aussicht steht.

Alle diese Vortheile sollten den Grundbesitzern die Pflicht aufdrängen, durch Beforstung ihres landwirthschaftlich nicht angemessen zu benutzenden Bodens einen Spartopf anzulegen, in den sich greifen läßt, wenn Töchter auszusteuern, Kinder abzufinden, eine Mißernte zu überstehen oder der Betrieb zu erweitern ist. Spielt doch, vom Werthe eines Hofes gesprochen, immer der Holzbestand eine gar wichtige Rolle.

Allein vielfach betrachten die Grundbesitzer die Aufforstung mit Mißtrauen, ja sie ist ihnen mitunter sogar ein Dorn im Auge. Dieses Vorurtheil muß überwunden werden, indem man die einzelnen Grundbesitzer durch Belehrung und Unterstützung zur Aufforstung ihrer Oedländereien anzureizen und aufzumuntern sucht.

Die Verwaltungsbehörden sollten dazu in erster Linie schreiten; denn die Entwickelung der individuellen Initiative ist eines der bedeutendsten Hilfsmittel, um die Bestrebungen des Staates zu fördern. Der Staatsforstverwaltung liegt es ob, das Interesse für die Aufforstung dadurch zu fördern, daß sie zum Holzanbau für Privatwaldungen gutes Pflanzmaterial zum mäßigen Preise aus ihren Pflanzschulen abläßt, ferner daß sie in ihren Culturen Unterweisung in der Pflanzmethode ertheilt, daß sie auch in denjenigen Kreisen, in welchen sich Private zur Aufforstung entschließen, zur

Veranschaulichung für diese entsprechende Culturarbeiten auf forstfiscalischen Grundstücken in Angriff nimmt, überhaupt, je nach Wunsch, mit Rathe beisteht, und keine Anstrengungen scheut, um zum Gedeihen derartiger Anlagen beizutragen, erforderlichenfalls sogar die kostenfreie Gewährung der technischen Anordnung und Durchführung in Aussicht stellt.

Der Staat muß insbesondere selbst mit einem guten Beispiel vorangehen, damit die Grundeigenthümer, angespornt durch die von ihm erzielten Erfolge, sich zu einer größeren Entwickelung ihrer Verbesserungsarbeiten aufraffen.

Die zu gewährende Beihilfe wird die Hälfte der Culturkosten nicht überschreiten dürfen. Nur auf bäuerliche Grundbesitzer wird Rücksicht genommen werden können, und unter diesen müßten bei vorhandener Concurrenz diejenigen zunächst in Betracht kommen, welche die Kosten der Cultur ohne besondere Bedrückung aus eigenen Mitteln zu bestreiten nicht in der Lage sind. Vor Gewährung der Beihilfe dürfte die angemessene befriedigende Ausführung der Culturarbeiten nachzuweisen sein. Um den Forderungen der schaumäßigen Ausführung zu entsprechen, wird daranf hinzuwirken sein, daß die erstmaligen Culturarbeiten nach Vorschrift und Anweisung eines Forstbeamten zur Ausführung gelangen. Dabei mag nicht ausgeschlossen werden, daß man zur Einführung zweckmäßiger fremder Hölzer bezügliche Pflanzen unentgeltlich vertheilt, um damit auf geeignetem Boden Acclimatisations-Versuche veranstalten zu lassen[1].)

---

[1]) Es liegt in der Absicht der preußischen Regierung Anbau-Versuche mit ausländischen Holzarten in Staatsforsten in größerem Umfange als bisher und nach einheitlichem Plan ausführen zu lassen. In einem Erlaß des Landwirthschafts-Ministers vom 4. XII. 1880 wird es für zweckmäßig erachtet, die nöthigen vorbereitenden Schritte schon jetzt einzuleiten, um mit der Ausführung sofort, nachdem die Mittel durch das neue Etatsgesetz zur Verfügung gestellt sind, beginnen lassen zu können. Die ganze Angelegenheit gehört naturgemäß in das Bereich des forstlichen Versuchswesens, für welches bereits eine feste Organisation besteht, und zwar fallen die Anbauversuche speciell in den Rahmen der seit Jahren eingerichteten Culturversuche; Pflanzenerziehung,

Ein geeignetes Mittel zur Förderung der Aufforstung ist die in Elsaß-Lothringen geltende französische Bestimmung des Art. 226 des Forstgesetzes vom 27. V. 1827, wonach Holzsaaten und Pflanzungen auf dem Gipfel und am Abhang von Bergen, auf Dünen und Heiden während dreißig Jahren frei von jeder Steuer bleiben.

Auch das gesellschaftliche Vereinswesen hat durch Belehrung eine große Tragweite für den Fortschritt der Cultur, welchen wir vor allen Dingen in fraglicher Beziehung erstreben müssen. Ein großer Theil der Grundbesitzer hält noch fest an dem Althergebrachten; dieser muß herangezogen werden, daß auch er an dem gemachten Fortschritte theilnimmt. Nur ein gemeinsames, unermüdliches Wirken und Streben kann auf diesem Wege zum Ziele führen. In dieser Beziehung sind namentlich in Dänemark (Jütland) und auch in Schleswig-Holstein in Folge der Bestrebungen der sog. Heidegesellschaft außerordentliche Resultate erreicht worden, Resultate, welche die höchste Beachtung in weiteren Kreisen verdienen. Die dänische Heidegesellschaft organisirte sich am 28. III. 1866 und richtete ihr Augenmerk zunächst darauf, specielle Kenntnisse der verschiedenen Heideverhältnisse zu gewinnen, diese weiter zu verbreiten, Anregung zu Verbesserungen zu geben und — indem sie als eine unpartheiische Autorität auftritt — specielle Vorschläge zu Verbesserungen zu machen, die Verbesserungen selbst aber durch Rath und That zu unterstützen. Die Statuten enthalten über den Zweck der Gesellschaft Folgendes:

§ 1. Der Hauptzweck der Gesellschaft ist, die Fruchtbarmachung der jütischen Heiden zu befördern.

§ 2. Dieser Zweck soll insbesondere angestrebt werden durch die Beförderung einer Bewässerung in größerem Maßstabe, durch Ermunterung zu Anpflanzungen und durch

---

Anbau und weitere Behandlung der Culturen werden durch Arbeitspläne gleichmäßig zu regeln sein.

Thatsächlich haben diese Versuche forstlichen Werth, namentlich wenn sie in umfangreichem Maßstabe gemacht werden, denn nicht alle Holzarten in unseren Wäldern sind heimische Kinder unseres Landes, eine stattliche Anzahl wurde bereits seit kaum zweihundert Jahren theilweise mit gutem Erfolg eingeführt.

Vermehrung und Verbesserung von Straßen und Wegen in der Heide.

b) Die Gesellschaft betrachtet die Anpflanzungen in den Heiden als nothwendige Bedingung für das Gedeihen derselben und will deshalb möglichst die Holzcultur zu heben suchen, u. a. durch Aufmunterung zu Einhägungen, dadurch, daß sie den Eigenthümern die Erwerbung von guten Pflanzen erleichtert und ihnen gute Anweisung für den Anbau zugängig macht, daß sie Gemeinden und Körperschaften zur Anlegung von Pflanzschulen bestimmt, und denen, die dazu geeignet sind, mit Rath dient, daß sie die in der Heide noch bestehenden Eichenwäldchen in ihren Schutz nimmt und von jenen Heidestrecken Kunde erwirbt, welche sich zur Bewaldung vorzugsweise eignen.

§ 3. Die Gesellschaft will ferner für die Verhältnisse in der Heide versuchen, Verständniß und Antheil zu erwecken und aus diesem Grunde sich selber Kunde verschaffen über die Ausdehnung, Belegenheit, Bonität und den Theilungsmodus derselben; — über das Vorhandensein und die Güte des Mergels; — die Tiefe des Grundwassers; kurz, über Alles, was für die Cultur von Bedeutung werden kann. Die also erworbene Erkenntniß soll dem Publikum leicht zugänglich gemacht werden.

§ 4. Weil die Regierung mit den Kräften, welche ihr zu Gebote stehen, Mittel in Händen hat, um einen Theil der vorbereitenden Untersuchungen auszuführen, so wird die Gesellschaft darnach streben, für diese Arbeiten die Beihilfe der Regierung zu erlangen, ꝛc.

Das Feld der vereinzelten Bestrebungen wird immer nur in engen Grenzen sich bewegen, nicht bloß weil bei den Aufforstungen der Zinsverlust sich auf Menschenalter erstreckt, sondern weil überhaupt die Aufgabe für Einzelne zu groß ist. Sollen, wie zu wünschen, erfolgreich und durchgreifend die Oedflächen aufgeforstet werden, so muß der Staat wirksam eingreifen. Dieser kann die erforderlichen Kräfte und Mittel beschaffen. Demselben liegt ja auch die Aufgabe ob, in dieser Richtung der Gegenwart und Zukunft Rechnung zu tragen. Sehen wir von dem Einfluß der Aufforstungen auf Witterung, Schutz, Frische und Bodenkraft ab, lassen wir auch die Rentabilitäts- und

Bedürfnißfrage außer Acht, weil darüber gestritten werden kann, und beschränken wir uns nur auf die Thatsache, daß durch die Aufforstungen die Landescultur erweitert, Arbeit, Handel und Verkehr in den bisher öden Gegenden geschaffen und das Landesvermögen gesteigert wird; so muß dieses allein schon den Staat antreiben, Hand an's Werk zu legen. Der Staat darf nicht bei einer so wichtigen volkswirthschaftlichen Frage vor den Aufwendungen zurückschrecken, denn der Werth solcher Anlagen, ob sie gut oder schlecht rentiren, wenn sie nur einen dem Aufwande entsprechenden allgemeinen Nutzen gewähren, vermehrt immer das Landesvermögen. Wir wollen damit nicht sagen, daß die Vermehrung des Landesvermögens in dieser Beziehung unbeschränkt sein sollte; aber wir sind der Ansicht, daß der Staat sich ganz besonders dazu berufen fühlen müsse, die Wiederbewaldung der Oedflächen, soweit sie nicht zu Acker- und Wiesenland tauglich sind, in die Hand zu nehmen und zu dem Zwecke von den Millionen des Staatseinkommens einen entsprechenden Theil verfügbar zu machen.

In Preußen hat sich bei der Regierung und im Abgeordnetenhause stets ein lebhaftes Interesse für die Wiederbewaldung verödeter Ländereien gezeigt. In den vorjährigen Etats waren dafür jährlich 1050000 ℳ ausgesetzt. Diese Mittel sind für eine Aufforstung im großen Maßstabe nicht genügend erkannt, und wird von 1881 an eine Erhöhung auf 2000000 ℳ, die dauernd im Etat figuriren soll, in Aussicht genommen. Wenn man von dieser Summe 500000 ℳ für Aufforstung abzieht, so bleiben immer noch 1500000 ℳ, oder, wenn man den Hektar zu 120 ℳ annimmt, ein Ankauf von jährlich 12500 ha.[1])

---

[1]) In der 14. Sitzung des preußischen Abgeordnetenhauses vom 24. XI. 1880 war vom Ministertische aus auf die Schwierigkeiten hingewiesen worden, große Flächen auf einmal in Angriff zu nehmen, weil es dazu an Arbeitern fehle. Dem gegenüber wies das Mitglied von Bennigsen auf die günstigen Erfahrungen in Hannover hin, wo man mit der Wiederbewaldung sehr eifrig beschäftigt sei, und das Verhältniß zwischen Wald und den übrigen Landflächen sich am ungünstigsten stelle, namentlich in den nördlichen Theilen. Die provinzialständische Ver-

Auch in Oldenburg haben die erfreulichen Ergebnisse der Aufforstung wüster Landstrecken zu immer weiterer Ausdehnung derselben angespornt. Der Staat sowohl als auch Private begegnen sich hier eifrig in gemeinsamer

---

waltung habe es deßhalb als ein dringendes Interesse anerkannt, die Bemühungen der Regierung im Sinne einer Wiederbewaldung verödeter Strecken energisch zu unterstützen, insbesondere auch ein aufgesammeltes Kapital für diesen Zweck zu benutzen. Dieses geschehe in der Weise, daß man durch die Provinz selbst aufforsten lasse, sowie in der Höhe von einer halben Million einen Aufforstungsdarlehnsfonds eingerichtet habe, aus welchen zu billigen Zinsen mit fester Amortisation an die Gemeinden und Private ausgeliehen werde. Ferner sagt von Bennigsen: „Die Aufforstungen stehen jetzt auf der Tagesordnung der landwirthschaftlichen Vereine der Provinz Hannover. Auch mehrere Waldschutzgenossenschaften sind auf diese Anregung bereits entstanden. Wir haben in Lüneburgischen ein geschlossenes Areal von fast 3000 ha erworben und können jetzt bereits 400 bis 500 ha jährlich aufforsten. Das ist nur dadurch möglich, daß wir Corrigenden in größerer Zahl aus unserer Corrigendenanstalt dort in Baracken angesiedelt haben, die in einem dortigen Hof aufgestellt sind; die Corrigenden werden in der Zahl von 120 nebst 5 Aufsehern dort angesiedelt. Die Leistungen dieser Leute sind ganz erfreuliche gewesen. Auch anderwärts würde sich dieses Verfahren bei Aufforstungen empfehlen. (Gewiß sehr nachahmungswürdig! Um so bedauernswerther ist es, daß sich die kürzlich in Bremen versammelten deutschen Strafanstaltsdirektoren gegen die Beschäftigung Gefangener in ländlichen Arbeiten erklärt haben. Werden doch auch die Resultate, die man in diesem System in England im Großem und in Schleswig-Holstein im Kleinen erzielt hat, von competenten Beobachtern als solche bezeichnet, die zu einer regen Nachfolge auffordern sollten. Der Verf.); nachher mögen die Arbeiter wieder in ihre Heimath zurückkehren, wie es ja bei der Zuckerindustrie regelmäßig in Norddeutschland geschieht. Der Minister hat mit Recht hervorgehoben, daß vorzugsweise der Staat dazu berufen sei, die Aufforstung zu fördern. Die Aufgabe ist ja so groß, daß ohne Mitwirkung des Staats, ohne das Interesse des Staats als Großgrundbesitzer für den Forstbesitz die Frage nicht zu lösen sein würde. Indessen der Staat allein wird diese Aufgabe nicht bewältigen können, er muß die Communen, Genossenschaften und die Grundbesitzer mit heranziehen. Soweit die Communen in Frage kommen, macht dies der Gesetzgebung keine Schwierigkeit; bei Privaten würde

Arbeit. Neuster Zeit ist die umfangreiche Heide zwischen den Gemeinden Oldenbrock, Strückhausen, Schwei und Jade in's Auge gefaßt. Drei Fünftel dieser Heide sind vom

der Eingriff der Gesetzgebung bedenklicher sein, ich will auch einen solchen Eingriff nicht empfehlen. Vielleicht genügt das Interesse des Besitzers allein. Wenn man Gegenden, die sich zum Ackerbau uud zur Viehzucht nicht eignen, zur Holzzucht verwendet, dann wird sich wieder Kapital ansammeln. In Galizien, Polen, Rußland und Skandinavien geht die Verwüstung in den Holzbeständen so weit, daß wir bald von dorther Nutzhölzer nicht mehr werden beziehen können. Dann wird es den Communen und den Grundbesitzern finanziell vortheilhaft sein, daß ihre Vorväter Holz angepflanzt haben. Wir haben gemeinsam mit der Regierung an dieses große Werk die Hand zu legen".

Der wachsende Umfang der provinziellen Aufforstungsarbeiten in Hannover, sowie der Wunsch, den Corporationen und Privaten bei Ausführung derartiger Arbeiten den unentbehrlichen technischen Beirath angedeihen lassen zu können, hat zu der Anstellung eines höheren Forstbeamten geführt.

Um in jedem Jahre einen Ueberblick über den Fortgang der Aufforstung der Oedländereien und den Bestand derselben zu gewinnen, hat der Minister für Landwirthschaft 2c. in Preußen durch Cirkularerlaß vom 26. I. 1881 die Bezirksregierungen angewiesen, zugleich mit der Beantragung der Zuschüsse zu dem Culturfonds, eine Nachweisung nach einem bestimmten Schema für die Oberförstereien ihres Bezirks einzureichen. In dasselbe sind diejenigen Flächen als Oedländerein aufzunehmen, welche bisher noch nicht aufgeforstet waren, auf denen aber nach ihrer Beschaffenheit ohne bedeutende vorgängige Meliorationen die Cultur stattfinden kann. Es sind daher nicht mit einzurechnen diejenigen Moore oder Theile der Moore, die in ihrem gegenwärtigen Zustande noch für Decennien hinaus als uncultivirbar zu erachten sind. Dabei sind die Behörden veranlaßt worden, der Aufforstung der Oedländereien ihre ganze Aufmerksamkeit zuzuwenden. Die erforderlichen Mittel dazu würden, soweit der Staatshaushalts-Etat solche zur Disposition stellt, gern bewilligt werden. Die Culturen würden nicht selten auf erhebliche Schwierigkeiten stoßen. Die Regierungen haben denjenigen Culturmethoden den Vorzug zu geben, welche ein Gedeihen am sichersten erwarten ließen, wenngleich selbige vielleicht der größeren Kosten wegen vorläufig nur auf kleineren Flächen ausgeführt werden könnten. Auf eine gründliche Bodenbearbeitung in gehörigem, nicht zu karg bemessenem Umfange rücksichtlich der Pflanzplätze und Reihen sei hierbei ein besonderes Gewicht zu legen.

Staate den angrenzenden Landwirthen kostenfrei angewiesen, wofür sie verflichtet sind, diese Flächen von Jahr zu Jahr bis zur Vollendung zu cultiviren. Die übrigen in der Mitte liegenden zwei Fünftel sollen eine staatliche Forstanlage erhalten. Ebenso wird im Münsterland jetzt in dieser Cultur ein lebhaftes Wirken bemerkbar.

Andere deutsche Staaten folgen hoffentlich bald diesem Beispiel.

Auch die Gesetzgebung muß dieser Aufgabe Rechnung tragen. Eifern doch schon sehr alte Verordnungen gegen den Verfall der Waldungen. Nach der Natur unserer ganzen staatlichen Einrichtung und der damit in engster Verbindung stehenden theilweisen Beschränkungen des Eigenthums der Staatsangehörigen ist es eine berechtigte, sogar zur Pflicht gewordene Handlung des Staats, auf die Beförderung der allgemeinen Wohlfahrt in dieser Richtung seinen Einfluß geltend zu machen.

Unter den Maßnahmen, aus welchen der Waldbau die größten Vortheile ziehen kann, nimmt die Zusammenlegung der kleinen aufzuforstenden Grundstücke unbestritten die erste Stelle ein; denn so wünschenswerth das Vorgehen Einzelner ist, niemals werden einzelne Waldstückchen das Gepräge eines Waldes erhalten.[1]) Der Wald muß sich selbst gegen die atmosphärischen Einwirkungen schützen können, und soll er zugleich ein Schutzwerk für seine Umgebung bilden und für die Landescultur von Nutzen sein, so ist ihm eingemessener Zusammenhang zu geben. Erst dann, wenn ein Baum dem andern, eine Parzelle der anderen Schutz gegen Sonne, Regen, Wind und Kälte gewährt, kann ein Wald erstehen, der geeignet ist, die großen Aufgaben, die ihm obliegen, in ausreichender Weise zu erfüllen. In dieser Rücksicht muß man den Wald je größer je lieber wünschen. Eine Waldfläche von 10 bis 15 ha Größe kann jedoch schon für einen Privatgrundbesitzer befriedigen, namentlich wenn dieselbe gut abgerundet ist, eine geschützte

---

[1]) Wer die großen Krebsschäden der Einzelwirthschaft kennen lernen will, der betrete die sog. Theilforsten im Wesergebirge 2c., lese auch: Burckhardt, „Die Theilforsten", „Aus dem Walde", VII. Heft.

Lage hat und nur periodisch abgeholzt wird. Schlechte Abrundung, den Winden und Wettern ausgesetzte Lage und Nachhaltsbetrieb mit jährlichem Abnutzungssatze erfordern eine größere Fläche, die sich nicht im Allgemeinen bestimmen läßt. Nur wenige Grundbesitzer können über solche verfügen. Gewöhnlich handelt es sich um aus Theilungen hervorgegangene schmale Streifen, die einzeln für die Beforstung nicht taugen und auch unverhältnißmäßig hohe Cultur- und sonstige Kosten verlangen. Was aber dem Einzelnen nicht gelingen will, gelingt Vielen unter einsichtsvoller Leitung und gleichmäßiger Benutzung der Kräfte und Mittel. Die Zusammenlegung erhöht obendrein die Ertragfähigkeit, gewährt ein zweckmäßiges Wirthschafts- und Wegenetz zu schlagweisem Betriebe nach einheitlichem Plane, erleichtert die Verwaltung und Aufsicht, erspart Arbeitskraft, vermindert Prozesse und Streitigkeiten ꝛc. Alle kleinlichen Rücksichten und Sonderinteressen müssen dagegen schwinden, um so mehr, da nur das Handeln unter weiteren Gesichtspunkten hier der einzige Weg ist, auf dem Großes erreicht werden kann. Es führt dies auf die Bildung von Waldgenossenschaften[1]).

Da der Geist des Widerspruchs Einzelne in den nützlichsten Bestrebungen gar häufig hindert und da die Waldwirthschaft eine genau geregelte Durchführung erheischt, so ist bei einem gemeinsamen Vorgehen, zur Verwirklichung des Unternehmens und zur Verhütung vielfacher Streitigkeiten, der Schutz der Gesetze nothwendig. Das Privatrecht darf kein Hinderniß der allgemeinen Entwickelung sein. Das Recht der Mehrzahl, die Minderheit zur Theilnahme zu zwingen, ist ein Ausfluß der wirthschaftlichen Entwickelung, in Folge dessen der Einzelne sich Beschränkungen

[1]) Der Verf. sagt schon in seiner Schrift „Die Verwandlungen der öden Gründe“: Nicht zum Plaggenhauen, nicht zur Schnuckenweide und nicht zur Brandcultur sind diese Gründe geschaffen, weil damit wüste Steppen sich erzeugen; der Wald allein ist ihnen heimisch, gibt Bodenkraft und Feuchtigkeit, Schutz und Reinertrag, und soll diese Erkenntniß Bahn sich brechen, müssen alle Vertreter des Staats und die Vereine wirksam sein und namentlich das Streben auf Bildung von Waldgenossenschaften richten.

seiner wirthschaftlichen Freiheit gefallen lassen muß. Sobald daher die Nothwendigkeit der Bewaldung im allgemeiuen Interesse feststeht, sollte das Gesetz die Widerstrebenden bedingungsweise zwingen können. Es ist sehr zu beklagen, daß vorstehende Gesichtspunkte nicht schon bei den Marken- und Gemeinheitstheilungen zur Geltung gekommen sind; was damals in der Gemeinschaft leicht zu verhüten, bezw. zu erreichen war, muß jetzt in der Vereinzelung erzwungen werden.

Auf Grund der in einigen Staaten Deutschlands bestehenden Genossenschaftsgesetze hält es schwer, die Grundbesitzer bei großer Zerstückelung des Eigenthums unter einen Hut zu bringen. Wir wollen deßhalb wünschen, daß die gesetzgeberische Thätigkeit uns bessere Genossenschaftsgrundsätze, mit denen die richtigen Mittel zur Zwangsausführung gegeben sein werden, schafft.

Ist die Bewaldung des Gemeinwohles wegen geboten, so gibt es auch mit und ohne Genossenschaftsbildung noch Wege zur Durchführung der Arbeiten, und zwar entweder durch zwangsweise Auferlegung derselben, oder dadurch daß der Staat sich in den Besitz der anzubauenden Flächen setzt und selbst die Arbeiten bestreitet. Für die Gemeinden sind gewiß die Zwangsmaßregeln angebracht, während sie für Private nur in ganz dringenden Fällen Anwendung finden sollten. Der Einzelne kann für das Ganze keine besonderen Opfer bringen, und sollten überhaupt die Bewaldungsarbeiten keinen Nutzen in Aussicht stellen, so müßte man sowol Private als Gemeinden davon entbinden.

Der natürlichste und beste Weg ist immer der, daß der Staat bei Durchführung großer gemeinnütziger Arbeiten, um die erstrebten Resultate auf die Dauer zu sichern, das Grundeigenthum für sich in Anspruch nimmt und jedenfalls schwierige und kostbare Arbeiten selbst ausführt. Obwol man in den meisten Fällen das Grundeigenthum in freier Vereinbarung allmählich um einen billigeren Preis erlangen wird, als durch ein weitläufiges und kostspieliges Enteignungsverfahren, so können doch besondere Umstände auch hier den Schutz des Gesetzes nöthig machen; und es empfiehlt sich daher ein Enteigungsgesetz, bei dem die

Heiligkeit des Privateigenthums in der Weise hinreichend gewahrt bleiben kann, daß dasselbe nur im öffentlichen Nutzen und vermittelst einer gerechten und zuvorigen Entschädigung abgetreten zu werden braucht.

In Preußen besteht ein Waldgenossenschaftsgesetz vom 6. VII. 1875, welches auch in §§ 2 und 3 bestimmt, daß auf solchen Bodenarten, die durch Abschwemmen anderen Grundstücken Gefahr bringend sind, auf Antrag der gefährdeten Interessenten, der Gemeinde-, Amts-, Kreisverbände, oder der Landespolizeibehörde Waldculturen angeordnet werden können; allein das ganze Gesetz ist so verklausulirt und unpraktisch, daß wir uns keinen ersprießlichen Erfolg davon versprechen.

Die französische Regierung scheint diese Aufgabe wirksamer zur Durchführung zu bringen. Die uns hier in Elsaß-Lothringen von dort überkommene Gesetzgebung gibt eine gute Handhabe:

Das Gesetz über Austrocknung der Sümpfe v. 6. IX. 1807 gewährt der Regierung das Recht, diejenigen Entwässerungen anzuordnen und festzustellen, welche sie für nothwendig oder nützlich erachtet.

Die Urbarmachungen der den Gemeinden gehörigen Sümpfe und öden Ländereien können nach dem Gesetze vom 28. VII. 1860 bei Weigerung des Gemeinderaths von der Regierung nach Anhörung des Bezirkstages durch Kaiserl. Verordnung als vom öffentlichem Nutzen erklärt nnd zwangsweise auferlegt werden.

Das Gesetz vom 28. VII. 1860 über die Wiederbewaldung der Gebirge und jenes vom 8. VI. 1864 über Berasung derselben bilden die gesammten gesetzlichen Maßregeln, welche die Verbesserung des Laufes der Gewässer durch Wiederherstellung der Produktivität des Gebirgsbodens und die Verbauung der Wildbäche bezwecken.

Die gemeinschaftlichen Bestimmungen dieser beiden Gesetze sind zweifacher Natur: Aneiferung einerseits, Zwang andererseits.

Die Mittel zur Aneiferung bestehen in der dem Staate eingeräumten Befugniß, das Interesse der Grundbesitzer durch Gewährung von Subventionen in Geld oder Naturalien zu erwecken und ihnen somit zu ermöglichen, ihre meist unproduktiven Gelände oder erschöpften Hutweiden durch Wiederbewaldung oder Berasung in Cultur zu bringen.

Diese Maßregel, welche auf alle Gebirgsregionen ausgedehnt werden kann, besitzt einen rein präservativen Charakter, denn ihr Endziel besteht in der Erhaltung und Beschützung des Bodens durch eine Reihe von Wiederbewaldungs- und Neuberasungsarbeiten, die im Gesetz als facultative bezeichnet werden, und welche ebensowohl im allgemeinen Interesse als in demjenigen der einzelnen Besitzer gelegen sind.

Die dem Staate eingeräumten Zwangsmittel verleihen ihm das Recht, im Namen des öffentlichen Wohles sogenannte obligatorische Wiederbewaldungs- und Berasungsarbeiten überall dort aufzuerlegen, wo ihre Durchführung eine gebietende Nothwendigkeit ist, welch' letztere durch eine Enquête erhoben wird. Hier handelt es sich nicht mehr um eine Kapitalsanlage, sondern um eine Frage des öffentlichen Interesses. Privatleute können die Wiederbewaldungsarbeiten selbst ausführen; im Falle der Weigerung oder der Nichterfüllung der übernommenen Verbindlichkeit wird aber zur Enteignung der in Bann gelegten Flächen geschritten. Der enteignete Eigenthümer kann binnen 5 Jahren gegen vollen Ersatz an Kapital und Zinsen in sein Eigenthum wieder eingesetzt werden, sowie er sich von der Rückzahlung des Preises der Arbeiten befreien kann, indem er auf die Hälfte seines Eigenthums verzichtet. Wollen oder können die Gemeinden auf den ihnen gehörenden Bannflächen die Arbeiten nicht ausführen, so kann der Staat entweder die Flächen gütlich erwerben, oder alle Arbeiten auf sich nehmen. In diesem letzteren Falle bleibt er Inhaber bis zur völligen Rückzahlung seiner Vorschüsse. Auch die Gemeinden können sich von jeder Rückforderung des Staats befreien, wenn sie binnen 10 Jahren auf das Eigenthum der Hälfte der wiederbewaldeten Flächen verzichten. Die Ausdehnung der Arbeiten kann sich jährlich nur auf 1/20 der in Bann gelegten Gemeinde-Flächen erstrecken.

Die durch die Gesetze vom Jahre 1860 und 1864 vorgesehenen facultativen Arbeiten unterscheiden sich von den obligatorischen dadurch, daß sie nicht vom Staate, sondern von den Grundeigenthümern, Gemeinden, öffentlichen oder Privatanstalten ausgeführt werden. Der Staat gewährt hier lediglich nach Maßgabe ihrer Bedeutung für das öffentliche Wohl Subventionen in Naturalien oder in Geld. Das Grundeigenthum der öffentlichen Anstalten und Gemeinden steht jedoch bezüglich dieser Arbeiten unter der Verwaltung der Forstbehörde.

Mehr als 16 Jahre sind, seidem man Hand an's Werk gelegt hat, verflossen, und die werthvollen Erfahrungen, die man sammelte, haben die gesetzgeberische Thätigkeit zu besseren Maßregeln angetrieben. Der im Jahre 1879 dem gesetzgebenden Körper in Frankreich unterbreitete Gesetzentwurf hält die alten Bestimmungen, mit welchen sehr schöne Erfolge erzielt wurden, aufrecht, geht jedoch einen wesentlichen Schritt auf dem Wege weiter, den die zur Prüfung des Gesetzes vom Jahre 1860 eingesetzte Commission betreten hat. Abgesehen von theilweisen Verbesserungen, sind darin folgende Bestimmungen völlig neu.

Der Staat soll auf den in Bann gelegten Flächen während der Dauer der Inschonungslegung Arbeiten ausführen können, jedoch ohne dafür Entschädigung beanspruchen zu dürfen.

In Bann gelegte Flächen der Privaten werden bezüglich der Ausnutzung, bezw. Wiederbestockung unter die Staatsforstverwaltung gestellt.

Weideübertretungen sollen nach dem Strafgesetzbuche geahndet werden 2c.

An der Hand solcher gesetzlichen Bestimmungen würde schon weiter zu kommen sein.

Wenn Vorsicht in allen Dingen nützlich ist, so muß sie besonders bei der Aufforstung empfohlen werden. Erwägungen aller Art kommen dabei vor, und man wird stets schlecht fahren, sobald man überstürzend und rücksichtslos gegen alle widerstrebenden Interessen zu Werke geht. Der alte bewährte Spruch sagt: „Gut Ding braucht Weile“. Man hat nicht allein mit den verfügbaren Mitteln, sondern auch mit der Natur und der Zeit zu rechnen. Der berühmte englische Reisende Arthur Young sagte bei Anlaß seines Besuchs in La-Crau-d'Artes über die dort schon zu jener Zeit unternommenen Verbesserungsarbeiten: „Bei ähnlichen Versuchen wollen die Unternehmer immer zu rasch die letzte Hand an's Werk legen und die Wüsten plötzlich den seit lange bebauten Feldern gleich machen. Sollen solche Arbeiten einen wahren Vortheil bringen, so müssen große Kosten vermieden werden und auch der Zeit, die zwar ruhig, aber wirksam mitarbeitet, an der Vollendung ein gut Stück Antheil gegönnt werden". Dieser treffliche Ausspruch ist zu beherzigen und mag eine zu schnelle Ausführung der Arbeiten verhindern, bei welcher ein übermäßiges Anwachsen der Kosten in keinem Verhältnisse zu der gewonnenen Zeit stehen könnte. Dagegen wird ein allmähliches und bedächtiges, positives und praktisches Vorgehen immer nur gute Früchte bringen.

Auch eine übermäßige Ausdehnung der Culturfläche ist unvortheilhaft. Vernüftigerweise sollte man nicht weiter gehen, als die vorhandene Arbeitskraft planmäßig zu leisten vermag. Zunächst suche man die alten Waldbestände zu arrondiren und zu erweitern, bevor man in die kahlen Gegenden geht, wo die Winde unaufhörlich über die Oedfelder hinwegwehen. Die Aufforstung soll nicht von exponirten, sondern geschützten Stellen, thunlichst von den Bestandesrändern unter dem Schutze der bereits vorhandenen Bestockung ausgehen. In exponirten Lagen sind Schutzmäntel (bestockte Erdwälle) angebracht.

Das Ziel der Bewaldung muß nicht einseitig gewaltsam, sondern möglichst mit allseitiger Zustimmung erstrebt werden. Jedenfalls suche man zuvor die lokale Bevölkerung mit der Aufforstung zu befreunden und dieser die bezüglichen Pläne und die mit der Verwirklichung derselben in Aussicht stehenden Erfolge möglichst klarzustellen. Es gibt Gegenden, wo die Erhaltung der Weide Lebensbedingung für die Bevölkerung ist. Hier müssen zunächst Bedingungen geschaffen werden, unter denen man der Bevölkerung zumuthen kann, auf die kärgliche und unheilvolle Weide zu verzichten. Ist die Weide nicht ganz abzustellen, so ist die Inschonungssetzung der Aufforstungsfläche eine dringende Nothwendigkeit. Weide darf dann nicht eher geduldet werden, bis das Jungholz dem Zahn des Viehes entwachsen ist. Um dem Nutznießer Genüge zu leisten und um zugleich ein allmähliches und sicheres Vorgehen zu ermöglichen, muß die anzubauende Fläche in so viel Schläge getheilt werden, als der Anbau Jahre erfordert. Für den Durchtrieb des Viehes sind hinlänglich breite Triften freizulassen, und um das Betreten der angrenzenden Culturflächen durch das Vieh zu verhindern, ist man genöthigt, dieselben auf beiden Seiten mit Schranken zu versehen. Die größte Ruhe des Bodens ist in den Sand- und Mull- (Moor-) Wehen, sowie in den steileren Gebirgslagen geboten. Hier muß namentlich die gefährliche Schafweide ganz ausgeschlossen werden. Uebrigens sollten besonders für Staatswaldungen die Wohlthaten der Weideablösungsgesetze nie außer Acht bleiben.

Ein reiflich geprüfter Culturplan mit Festlegung der Ortsabtheilungen, Gestelle, Wege und Wasserzüge ist jedenfalls für größere Flächen angebracht.

Die Urtheile über **das Gelingen der Holzcultur** auf öden Gründen gehen sehr weit auseinander. Ohne Berücksichtigung der Ortsverhältnisse und der Vorbedingungen, ist das ganz natürlich. Bei der so sehr verschiedenen Beschaffenheit der öden Gründe und bei der mannigfachen Verfahrungsweise, unter welcher der forstliche Anbau zur Ausführung gekommen ist, muß es aber von technischer Seite thöricht erscheinen, wenn auf einzelne gelungene oder mißlungene Versuche sich stützend, ein allgemeines Urtheil gefällt wird, zumal obendrein nicht selten bei solchen Versuchen der Zufall die Leitung hatte. In der Nutzanwendung trügt häufig die Bezeichnung des Bodens. Man sagt einfach z. B. Moorboden, ohne zu bedenken, daß das Moor Bodenarten von ganz verschiedener Beschaffenheit umfaßt. Der Bruchboden mit seinem üppigen Holzwuchse läßt sich nicht mit dem moosreichen Hochmoorboden über einen Kamm scheren. Wiederum hat jede Moorbodenart für sich ihre Besonderheiten. Statt Beispiele leichterer und schwieriger Art aufzustellen, blasen neuerer Zeit Einzelne, in der Meinung das Universalmittel gefunden zu haben, stark in die Posaune, was zu Täuschungen und Mißdeutungen führt.

Wir haben gesehen, daß die Landwirthschaft die besseren Gründe beansprucht und hauptsächlich nur der magere

Boden für die Holzcultur übrig bleibt. Wir finden im norddeutschen Flachlande Steppen[1]), auf denen aller Pflanzenwuchs auf die oberste Erdschicht angewiesen ist; wo sich die genügsame Kiefer zu einem Gestrüppe gestaltet, ihr hundertjähriger Schaft die Dicke einer Stange behält, und statt der Krone ein Besen auf ihr sitzt; wo ihre Wurzeln in der Oberfläche der Erde dahin treiben, manchmal über 10 m weit, als wäre der Holzwuchs in der Erde, statt über ihr. Wir finden auch in den hügeligen und bergigen Gegenden Deutschlands, namentlich auf Muschelkalkbergen, kahle Höhenzüge, an denen der Zahn der Zeit so mächtig genagt hat, daß sie als abgenagte Todtengerippe zu betrachten sind und nicht einmal Schafweide noch zu gewähren vermögen[2]). Wir möchten gern raschen Schritts den tristen Anblick dieser Flächen in ein liebliches Waldgrün verwandelt sehen, haben auch schon manche befriedigende Aufforstung bemerkt; allein es sind uns doch so mancherlei, zum Theil unüberwindliche Hindernisse aufgefallen, daß wir nicht selten den Ausspruch Burckhardt's beipflichten mußten: „Lasset die Wüste ruhen und wendet euer Geld besser an. Nehmet einstweilen mit dem Bischen Weide fürlieb, erhaltet, was an Landwirthschaft vorhanden ist, und rechnet nicht zu streng nach Verzinsung des Bau- und sonstigen Inventars; auch im Krüppelbestande ruhen Ausgaben, die sich niemals verzinsen ꝛc. Man darf nicht blindlings dem Satze huldigen: der Wald müsse es sein, weil das Feld oder die Heide gering rentire". So leicht auf schwachem Boden die Zerstörung des Waldes war, so schwierig ist auf demselben die Wiederbewaldung.

---

[1]) Humbolt: „Die Heideländer des nördlichen Europa's, welche, von einem einzigen, alles verdrängenden Pflanzenzuge bedeckt, von der Spitze von Jütland sich bis an den Ausfluß der Schelde erstrecken, kann man als wahre Steppen betrachten, aber Steppen von geringer Ausdehnung — im Vergleich zu anderen Welttheilen — und von hochhügeliger Oberfläche.

[2]) Knorr, Theorie und Praxis, S. 90: „In der Oberförsterei Lohra auf der Hainleithe (südlich von Nordhausen) cultivirt seit 1823 nun schon der siebente Oberförster an einer eingetauschten Waldfeldblöße, dem Herzungerfelde, und noch ist der Bestand nicht blos lückig, sondern er zeigt noch Blößen.

Die Zinseszinsrechnung legt die Holzcultur in enge Schranken, welche, um bestehen zu können, zweckmäßig nicht überschritten werden. Wir können nicht mergeln, noch düngen auf künstlichem Wege, wir müssen uns vielmehr begnügen mit dem, was uns unmittelbar die Natur bietet. Und selbst die Erfüllung der gewöhnlichen Grundbedingungen setzt uns Schranken, sofern dieselbe mit unverhältnißmäßigem Kostenaufwande verknüpft ist.

Gerade weil man sich an das halten muß, was die einfache Gabe der Natur uns liefert, um so mehr sind wir angewiesen, stets zuvor genau die schlummernden Kräfte zu prüfen und alsdann gründlich zu erwägen, wie und womit dieselben zweckmäßig zu erwecken und auszunutzen sind. Der Landwirth kann alljährlich seine Fehler verbessern, während meistens der Forstwirth die Reue mit in's Grab nehmen muß nnd erst dessen Nachkommen ausmärzen können.

Die Art und Weise der Cultur kann bei dem Bodenwechsel ꝛc. nicht willkürlich am grünen Tische beschlossen werden, sondern muß sich allzeit nach dem Thatbefund richten. Gut, aber doch billig muß die Loosung sein. Der Geiz ist wie immer, so auch hierbei verderblich. Hat man sich von der Einträglichkeit der Cultur überzeugt, so mache man die Arbeit lieber besser als schlechter, da eine solche Mehrausgabe stets lohnend sein wird.

Eine gehörige Würdigung aller Verhältnisse, welche auf das Wachsthum der Holzpflanzen von Einfluß sind, sollte stets der Inangriffnahme vorangehen.

Das Gedeihen der Holzpflanzen ist mehr oder weniger an gewisse Boden-, Klima- nnd Lagenverhältnisse geknüpft.

Der erste Blick muß auf die Hauptquelle der Holzvegetation, auf den Boden, geworfen werden. Bei der außerordentlichen Abwechslung des Bodens, namentlich im Flachlande, kann die Untersuchung desselben nicht genau genug sein.

Die Holzpflanzen befestigen sich mit ihren Wurzeln im Boden, und je größeren Raum dieser bietet, desto vollkommener werden die Wurzeln sich ausbilden. Die Holzpflanzen ziehen aber auch aus dem Boden durch ihre Wurzeln die befruchtenden Stoffe, welche ihr Wachsthum einleiten und befördern, und je vollkommener die Wurzelausbildung sich gestaltet, desto reichlichere Nahrung werden die Holzpflanzen aufsaugen können.

Der verödete Boden setzt häufig diesen und sonstigen Wachsthums-Bedingungen ungewöhnliche Schwierigkeiten entgegen, in Folge dessen besondere vorbereitete Anordnungen und Vorkehrungen der Aufforstung vorangehen müssen. Die Hindernisse sind mannigfaltig: bald ist der Boden durch den ungehinderten Zutritt der Sonnenstrahlen und des aushagernden Windes ausgetrocknet und ausgemagert, zuweilen noch mit einer unzersetzlichen kohligen oder Staub-Humusdecke, oder mit wuchshemmenden Zwischenlagern versehen; bald durch das Regen- und Schneewasser abgespült und seicht; bald zu lose oder zu fest; bald sumpfig und moorig rc. In allen diesen Fällen muß den Pflanzen durchs Riolen ein gehöriges Bett bereitet, bezw. der Boden durch's Vermischen des Untergrundes mit der oberen Erdschicht empfänglich gemacht werden. In letzterer Beziehung kommt zu gut, daß der Untergrund gewöhnlich im Wasser leicht lösliche Salze, sowie auch mehr Erden und Oxyde, als die Oberfläche enthält, da das Regen- und Schneewasser sie fortwährend aus der Oberfläche in die Tiefe gespült und hier abgesetzt hat. Aber auch indirekt wird der Boden durch die tiefe Lockerung bereichert, indem er mehr Gase und Feuchtigkeit aus dem Luftkreis aufnehmen kann. Zugleich wird er dadurch durchlassend und somit warm. In einem tiefgründigen Boden leiden die Pflanzen weniger von der Ungunst der Witterung. Die überflüssige Feuchtigkeit kann tiefer versinken, und bei anhaltender Trockenheit wird die Feuchtigkeit länger anhalten. Anderseits macht das Riolen den festen Boden locker und erleichtert dadurch das Eindringen der Wurzeln, welches namentlich für den Baumwuchs der mit tiefgehenden Wurzeln versehenen Holzarten sehr förderlich ist.

In den Heiden hat die Tiefcultur noch den Vortheil, daß die Bedingungen des Heidewuchses und der Ortsteinbildungen gründlich beseitigt werden.

Der kohlige- oder Staub-Humus (die harzige Humuskohle) ist außerdem unlöslich und kann nur dadurch wieder productiv gemacht werden, daß er mit den mineralischen

Bestandtheilen des Bodens vermischt wird. Eine gleichgünstige Wirkung wird beim Bruch- und Moorboden durch eine solche Vermischung erzielt.

Der Boden muß für die Ernährung der Holzgewächse gewisse Mineralstoffe besitzen. Sand, Thon und Kalk sind die Hauptbestandtheile des Bodens, darunter Sand und Thon die thätigsten. Ein Boden kann ganz unfruchtbar sein, wenn er nur aus einer der drei genannten Erdarten besteht. Je gleichmäßiger das Mengungsverhältniß dieser Erdarten ist, desto fruchtbarer der Boden. Auch in dieser Beziehung leistet die Tiefcultur vorzügliche Dienste, namentlich wenn dadurch verschiedene Erdarten vermengt werden können; nur muß man Flugsand unberührt lassen und sich hüten, schlechteren Boden heraufzubringen, wie letzteres z. B. beim Lehmboden häufig der Fall ist, der zudem beim tiefen Umbruch leichter auffriert. Für diesen meist naßkalten Boden leistet die Dammcultur gute Dienste, worauf wir später zurückkommen.

Am wirksamsten ist natürlich die volle Bodenbearbeitung, allein die größeren Kosten, wol auch in den Heiden das zu starke Treiben des Sandes und an Berghängen die Abschwemmungsgefahr — schrecken davon ab, und man macht sie deßhalb für den Zweck des Holzanbaues streifen- und platzweise.

Die Bearbeitung des Bodens wird mit dem Pfluge, dem Spaten und der Hacke vorgenommen. Die Handarbeit hat, ihrer Wirksamkeit wegen, große Vorzüge, aber in weniger stark bevölkerten Gegenden wird man, wegen Mangel an Arbeitskräften, zu dem Gespanne greifen müssen, sofern dasselbe Anwendung finden kann. (Für große Tiefen, moorigen und steinigen Boden und an Berghängen ist das Gespann von selbst ausgeschlossen). Gebräuchlich ist das Doppelpflügen mit dem sogen. Schwingpfluge, wobei der erste (leichtere) die Bodennarbe abschält (in den Heiden den Heidüberzug mit seiner dichten Verwurzelung zerstört), der nachfolgende (stärkere und tiefer greifende) aber in der offenen Furche den Untergrund auswirft und über jene ausbreitet. Sind wuchshemmende Zwischenlager zu zertrümmern und herauszuwerfen, so muß man sich versichern, daß dieselben auch wirklich gehoben werden. Auf den alten geschundenen Heiden mit schlimmer Ortsteinunterlage reicht die Thierkraft nicht aus; hier ist es nur die Dampfkraft, welche den größeren Tiefgang des Pfluges zu vermitteln vermag. Der Dampfpflug ist zur Zeit fast überall bekannt. Derselbe hat besonders den Vorzug, daß er mehr wie ein anderer Pflug den Boden durcheinander schleudert und hebt, sowohl in Folge der größeren Schnelligkeit der Fortbewegung, als der langen gewundenen Streichbretter. Dabei wird der Untergrund innig gemengt und zu Atomen zerkleinert. Der Kostenpunkt ist erträglich und annehmbar. Jedenfalls muß der Dampfpflug als ein ausgezeichnetes Aushilfsmittel betrachtet werden Wir stimmen daher den Worten bei, welche der Forstdirector Dr. Burckhardt in seiner Schrift „Aus dem Walde" ausspricht: Es lebe die Dampfkraft, die oberste der bewegenden Kräfte!

Vor dem Anbau muß der bearbeitete Boden 1 Jahr (mindestens einen Winter hindurch) ruhen, damit die Luft, die Feuchtigkeit, die Wärme und der Forst gehörig auf die emporgebrachte neue Bodenschicht einwirken. Man soll jedenfalls nicht eher zur Bepflanzung eines Neubruches schreiten, bevor nicht die Zersetzung und Lagerung der Narbe vollständig eingetreten ist. Unter dem Einflusse der Luft verliert der verwilderte Boden einen großen Theil seiner Säure; der vorher saure Humus verwandelt sich in milden Humus; ebenso werden die mineralischen Bestandtheile des Bodens durchaus besser aufgelöst; überhaupt wird der Boden durch die aus der Luft aufgenommenen Gase bereichert. Nach der Tiefcultur muß man demnach dem Boden so lange Zeit lassen, bis er diese Zuträglichkeiten genossen hat und für den Holzanbau empfänglich geworden ist.

Besondere Schwierigkeiten bieten die nackten abschüssigen Oedflächen, weil jeder Sturzregen den mit Mühe hinaufgebrachten Boden wieder fortspült; ebenso der lose Sand, weil er ein Spiel der Winde ist. Hier kommt es darauf an, den Boden zunächst so gut als möglich zu binden. Dieses geschieht durch Anbau genügsamer und raschwüchsiger Gräser, bezw. solcher Holzarten, deren Wurzel-Verzweigungen das Erdreich festhalten, wie wir bei der Behandlung der Bodenarten nachweisen werden.

Die Wasser-Beschaffung und Erhaltung ist

für den Holzwuchs von größter Wichtigkeit. Wo **Abwässerung** nöthig, soll man dieselbe nicht ohne Rücksicht auf die Wassererhaltung herstellen, namentlich soll man durch Senkung des Grundwasserstandes die Bodenvertrocknung auf jede Weise verhüten, nöthigenfalls durch Stauanlagen eine entsprechende Bewässerung wieder herbeiführen.

Eine angemessene Feuchtigkeitsmenge des Bodens (Bodenfrische) äußerst stets auf den Holzwuchs eine sehr wohlthätige Wirkuug, indem durch das Wasser die nährenden Stoffe des Bodens aufgelöst und in eine Form gebracht werden, in welcher die Wurzeln sie aufnehmen und den verarbeitenden Organen des Stammes zuführen. Eine Ueberfülle von Wasser ist jedoch für die Holzvegetation im höchsten Grade verderblich.

Bei Erzielung eines angemessenen Grades der Bodenfeuchtigkeit kommen im Flachlande nicht allein die direkten atmosphärischen Niederschläge, sondern wesentlich auch das Grundwasser in Betracht. Je geringer in einer Gegend die atmosphärischen Niederschläge sind, je mehr ein Boden die Eigenschaft einer raschen Verdunstung besitzt ꝛc., desto auffallender zeigt sich die wohlthätige Einwirkung einer ausgiebigen Grundfeuchtigkeit auf das Gedeihen und die Entwickelung der Vegetation.

In den unentwässerten Flußniederungen stellt sich der Wasserspiegel überall wagerecht, die Grndfeuchtigkeit geht aber, vermöge der Haarröhrchenkraft, über diesen Stand hinaus, dergestalt, daß eine Durchnässung in allem benachbarten Höhenland eintritt und die Verwässerungen um so ausgedehnter werden, je weniger für den Abfluß geschieht.

Besonders hat der Bruch- und Moorboden in Folge seiner äußerst schwammartigen Natur das Bestreben, eine große Menge von Wasser aufzunehmen und hartnäckig festzuhalten.

Gehen wir den nachtheiligen Wirkungen der Nässe näher auf den Grund, so finden wir: daß ein mit Wasser gesättigter naßkalter Boden sich sehr schwer erwärmt und deßhalb der Holzvegetation hinderlich ist; daß ferner ein wasserreicher Boden alle löslichen Pflanzennährstoffe sehr schnell verschluckt und bis auf den festen Untergrund versenkt, also dadurch die Nährkraft in der obern Bodenschicht vermindert; daß auch ein zu starker Wassergehalt des Bodens den Zutritt der Luft und damit die nöthige Zersetzung im Boden verhindert, dagegen in demselben allerhand Verwandlungsvorgänge herbeiführt, welche für das Pflanzenleben giftige Verbindungen erzeugen, z. B. aus den unschädlichen Eisenoxydverbindungen sich schädliche Eisenoxydulverbindungen bilden; daß insbesondere ein weicher Boden, wie der Bruch- und Moorboden, mit der Verwässerung aufquillt und die Bewurzelung der Holzpflanzen stört; daß endlich ein solcher Boden eher zu Frühjahrs- und sogen. Verdunstungsfröſten geneigt ist.

Eine zweckmäßig geleitete Abwässerung hält dagegen in den feineren Poren genügende Feuchtigkeit zurück, um den Holzpflanzen das nöthige Wachsthumswasser zu liefern, und führt zur Festigkeit für die Bewurzelung der Holzpflanzen, während die Luft in den gröberen Poren ungehindert circuliren, die Zersetzung und Lösung der unaufgeschlossenen Pflanzennährstoffe vermitteln und die vorstehend bezeichneten schädlichen Vorgänge verhindern kann.

Hierdurch wird das Bedürfniß nachgewiesen sein, den Wasser-Zu- und Abfluß so zu leiten, daß zwar die schädliche Nässe beseitigt wird, aber ein zuträgliches Maß an Feuchtigkeit erhalten bleibt.

Im Sumpf- Bruch- und Moorboden ist mit der Herstellung eines günstigen Wasserstandsverhältnisses die Uebererdung zu erstreben, da diese stets die ausgezeichnetste Wirkung auf das Wachsthum bringt. Solches wird durch's Auswerfen von gleichlaufenden Gräben in entsprechender Entfernung, Tiefe und Breite, wobei man die Grabenerde zu beiden Seiten ausbreitet, erlangt (**Damm- oder Rabattencultur**). So wie die Tiefcultur soll auch die Dammcultur nicht allein die chemischen, sondern auch die physikalischen Verhältnisse des Bodens verbessern. Besonders haben wir dieses bei dem Bruch- und Moorboden zu beachten. Demselben fehlen die für den Holzwuchs wichtigsten Mineralstoffe mehr oder weniger; sein Reichthum an Stickstoff ist aber nur in lösliche und den Holzpflanzen zugängliche mineralische Verbindungen überzuführen; er entbehrt das Hilfsmittel der Ruhe und Unbeweglichkeit für die Bewurzelung der Holzpflanzen, weil er, beim Anfeuchten aufquellend, beim Austrocknen wieder zusammenziehend, fortwährenden Veränderungen und Bewegungen unterworfen ist, und unterliegt, vermöge seiner Schwammartigkeit und starken Verdunstung von Wasser, leicht den Frösten. Alle diese Uebelstände können durch eine gut ausgeführte Dammcultur gehoben werden.

Zum Uebererden des Bruch- und Moorbodens sind alle Erdarten geeignet. Jede hat an mineralischen, der Erzeugung förderlichen Bestandtheilen mehr als der Moorboden, und ist deßhalb geeignet, den letzteren zu bessern. Z. B. hat der Sand am wenigsten kräftigende Bestandtheile und führt also auch weniger eine Verbesserung der Mischung herbei; aber dem moorigen Boden fehlt es, um ein gutes Wachsthum hervorbringen zu können, besonders an Kieselerde und Kali, und beide Körper erhält er durch den Sand. Kein Sand, mit Ausnahme des feinen Quarzsandes, ist frei von Kali, indem stets Körnchen von Feldspath, Glimmer ꝛc. darin vorkommen, die Kali chemisch mit Kieselerde verbunden enthalten. Diese Verbindung wird aber entweder durch Einwirkung der Kohlensäure aus der Luft, oder durch die im Boden befindliche Humussäure zersetzt, wobei dann kohlensaures oder humussaures Kali entsteht, welche Salze, da sie im Wasser löslich sind, den Holzpflanzen zu gut kommen. Je mehr Glimmer- und Feldspathkörnchen nun der Sand enthält, desto besser ist er zur Verbesserung des Moorbodens. Die Wirkung des Sandes ist zugleich eine mechanische, indem er durch seine Schwere den Boden einerseits dichter, anderseits poröser und damit der Lüftung und Wärme zugänglicher macht. Diese mechanische Wirkung wird durch grobkörnigen Sand gesteigert, und es kann deßhalb der gröbste Kies guten Erfolg haben. — Am besten sind die mit Lehm gemischten Erdarten und unter diesen die mergelhaltigen, weil sie außer Kalk, Sand und Thon noch geringe Mengen von Gyps, Kali, Natron, phosphorsaurem Kalk ꝛc. enthalten.

Neben dem Nutzeffekt der Uebererdung an sich ist die dadurch zugleich erzielt werdende Erhöhung des Bodens ein vorzügliches Hilfsmittel für die Cultur derjenigen

Flußniederungen und Einsenkungen, welche nicht gehörig entwässert werden können.

Die Abwässerung bezw. die Erhöhung der Dämme muß sich nach dem Grade der zu erlangenden Bodenfeuchtigkeit richten. Auf festem Boden ist der Holzwuchs am gedeihlichsten, wenn das Gelände etwa 1 bis 1,50 m über den Stand des Grundwasserspiegels sich erhebt, denn bei diesem Wasserstandsverhältniß wird dem festen Boden in entsprechendem Maße einerseits das überflüssige Wasser entzogen, anderseits durch die Haarröhrchenkraft das an der Oberfläche des Bodens verdunstende Wasser wieder ersetzt [1]); während weiche Bodenarten, besonders der schwammartige Hochmoorboden, eine so übermäßige Haarröhrchenkraft besitzt, daß mit dem bezeichneten Wasserstandsverhält-

[1]) Bei einem solchen Stande des Grundwasserspiegels werden zwar die tiefwurzelnden Holzarten in der normalen Ausbildung ihrer Pfahlwurzeln und namentlich in ihrer Widerstandsfähigkeit gegen Stürme und sonstige äußere Angriffe etwas einbüßen; allein für das Wachsthum jener Holzarten, wie überhaupt der Gewächse, sind mehr die Saugwurzeln thätig, welche die Nährstoffe in den obern Bodenschichten aufsuchen, einsaugen und den verarbeitenden Organen des Stammes zuführen, und wenn ein tiefer Stand des Grundwassers nicht genügend auf die obern Schichten des Bodens einwirken kann, so wird die Ernährungskraft desselben vermindert, und das um so mehr, je trockener der Boden an sich schon ist. Die atmosphärischen Niederschläge können jenen von unten wirkenden Wasserreservoirs keinen Ersatz bieten. Trotz der mit der Tiefe zunehmenden Bodenfeuchtigkeit, erfüllen die Wurzeln, sofern keine Stagnation stattfindet, bis zum Spiegel (bei leerem Raum) des Grundwassers, ihre Funktionen, weil dasselbe mit den Bodenschichten mechanisch verbunden bleibt. Bei 1 m Höhe der Bodenoberfläche über dem Grundwasserspiegel zeigt sich vermöge der Kapillarität die Wirkung auf den Feuchtigkeitsgehalt noch in einem sehr hohen Grade und nimmt dann bei zunehmender Höhe stetig ab, so daß bei 1,50 m Höhe die obere Bodenschicht schon trocken anzusprechen ist. Wenn sonst die Bodenverhältnisse entsprechend sind, so werden übrigens noch bei größerer Höhe der Bodenoberfläche über dem Grundwasserspiegel mäßig gute Bestände, namentlich von Kiefern, erzogen, weil diese Holzart eine Pfahlwurzel von 2 bis 3 m Länge treibt und also aus tieferen Schichten des Bodens Feuchtigkeit einsaugen kann.

niß die Entwässerung und die Durchlüftung der Moormasse nicht völlig erlangt werden kann. Wir werden diesen Gegenstand bei der Abwässerung des Moores näher behandeln.

Ganz besonders muß man auch auf magern Berghängen für Bodenfrische Sorge tragen. Zu diesem Zwecke empfiehlt sich eine dichte Terrassirung derselben durch Anlage von kleinen Horizontalgräben (Rinnen, Furchen), um das auf die Fläche auffallende Schnee- und Regenwasser so lange zurückzuhalten, bis es in den Boden eindringen kann. Hierdurch wird dieser erfrischt und der Ueberfluß auf seinen Weg zu den Quellen verwiesen.

Mitunter wird eine Einschränkung der natürlichen Abflußverhältnisse fließender Gewässer durch künstliche Anlagen erfordert. Ebenso sind gegen die unmittelbar zerstörenden Wirkungen der Wassermassen Maßregeln zu treffen. Diese und andere zweckmäßige Vorarbeiten werden an betreffender Stelle Erwähnung finden.

Um keine Culturarbeit unnütz zu verrichten, suche man sich vor der Inangriffnahme über die Bedürfnisse seines Bodens Klarheit zu verschaffen. Die chemischen und physikalischen Untersuchungen des Bodens trügen mitunter, und deßhalb werden in ungewöhlichen Fällen stets vor Beginn von größeren Anlagen Versuche im Kleinen angebracht sein.

Die Ansprüche der Holzarten sind verschieden. Die Eiche liebt einen tiefgründigen und zugleich wie die Buche, die Hainbuche, die Ulme, die Tanne ꝛc. einen guten Boden; die Fichte ist schon genügsamer und die Kiefer nimmt mit Allem vorlieb, was ihr geboten wird. Einige Holzarten (die Schwarzerle und die meisten Weidearten) verlangen viel Feuchtigkeit, andere (die Kiefer, die Birke ꝛc.) ertragen einen trockenen Stand ꝛc.

Die Wahl der anzubauenden Holzart wird um so schwieriger, je magerer der Boden ist. Wenn überhaupt in der Erziehung und Erhaltung einer guten Bodenbeschirmung die wichtigste Aufgabe des Holzzüchters beruht, so hat man dieses ganz besonders bei den Aufforstungen zu beachten, zumal auf den öden Gründen in erster Linie eine möglichst reiche Verbesserung der Bodenkraft erstrebt werden muß. Dabei setzt uns meistens die Magerkeit des Bodens Klemmen an. Zu den genügsamen Holzarten gehören unstreitig die Nadelhölzer. Mit der geringeren Ausnutzung der Kraft gewähren die Nadelhölzer eine größere Humusmasse, als manche Laubhölzer. Aber nicht allein die geringen Ansprüche der Nadelhölzer, sondern auch ihr leichter Anbau und ihre hohen und werthvollen Massenerträge sind es, welche sie besonders als Mittel zur Wiederansammlung von Kraft vortheilhaft erscheinen lassen.

Die genügsamste und zugleich, der Masse und dem Gebrauchswerth nach, fruchtbarste Holzart ist die Kiefer. Dieselbe ist die einzige Holzart, welche auf den gering erzeugungskräftigen Standorten ein noch ersprießliches Gedeihen zu finden vermag und den Boden für edlere Holzarten wieder empfänglich macht. Sie soll denn auch immer in der Noth Hilfe leisten; aber keineswegs ist sie die Holzart, die für sich allein einer dauernden Aufforstung entspricht. In der Jugend bei dichtem Schluß reinigt und verbessert sie zwar den Boden, sie stellt sich jedoch von Natur licht, um so früher und stärker, je schlechter der Boden ist, und mit der Lichtstellung wirken Wind und Sonnenstrahlen auf Austrocknung und Ausmagerung des Bodens. Auf dem aufgeforsteten Heideboden gibt die schnelle Entwickelungsfähigkeit der für den Holzwuchs giftigen Heide ihr den baldigen Todesstoß. Thatsache ist, daß hier die Kiefer sich auffallend früh licht stellt (schon mit dem 30 Jahre und selbst noch früher). So lange nun Laubmoose die Bodendecke bilden, wird die Bodenfeuchtigkeit erhalten und die Zersetzung des Humus befördert; verschwinden diese aber, oder haben sich von vornherein dieselben, wegen der Magerkeit und Trockenheit des Bodens, nicht bilden können, so tritt die Verheidung ein, welche in Verbindung mit den harzigen Kiefernabfällen einen völlig unzersetzbaren, allen Waldwuchs verdrängenden Humus, die harzige Humuskohle erzeugt. Ungeheure Waldstrecken sind durch diesen Uebelstand zu Grunde gegangen, und soll die Wiederbewaldung Früchte tragen, so will solches vor Allem beachtet sein. Allein als Schutz- und Boden verbessernde Pflanze steht die Kiefer in der Jugend wenigstens in der Ebene auf armen Bodenverhältnissen stets in erster Linie, und alle jene Bedenklichkeiten treten schon mehr in den Hintergrund, wenn eine ihren Zweck entsprechende kurze Umtriebszeit (40—50-jährige) gewählt wird. Das beste Mittel gegen die Gebrechen der Kiefer besteht aber unstreitig in der Mischung derselben mit anderen paßlichen Holzarten, entweder sogleich durch Zwischenbau oder durch frühzeitigen Unterbau. Der Unterbau von Bodenschutzholz in lichten Kiefernbeständen verdient unsere Aufmerksamkeit um so mehr, da hierdurch die Abhaltung der Luftströmungen vom Boden am vollkommensten erreicht und Bodenkraft und Frische erzeugt wird, da zudem diese Cultur leicht und verhältnißmäßig billig zu beschaffen ist. Was die Kiefer in der Ebene, das ist die Lärche im Gebirge.

Man soll einer gegebenen Oertlichkeiten keine Holzart aufnöthigen, die andere Ansprüche an den Standort macht, als diese Oertlichkeit zu gewähren vermag, die zu wählende Holzart soll vielmehr auf der betreffenden Oertlichkeit ihr volles Gedeihen finden. Wenn wir daher auf magerem Heideboden als Beimischung der Kiefer z. B. die Fichte, Buche, Eiche 2c. nennen, so werden Manche die Einwendung machen, daß solche Hölzer nur Krüppelwuchs liefern und von der vorwüchsigen Kiefer unterdrückt würden. Sobald überhaupt jene Hölzer Boden fassen und in irgend einer Gestalt gedeihen können, so ist unser Zweck erreicht, den zeitigen Ausläuterungen die Nachhilfe überlassend. Wir wollen eben hauptsächlich die Zwischenhölzer zur Deckung und Verbesserung des Bodens, also als Mittel zum Zwecke, und je mehr dieselben den Boden beschirmen, einen desto größeren Erfolg glauben wir uns von der Aufforstung versprechen zu dürfen. Die geringen Pflanzungskosten legen kein Gewicht in die Wagschale, und wollte man selbst damit rechnen, so wird das Ergebniß nur zu Gunsten sprechen, da ohne Frage der Kiefernbestand mit Bodenschutz sich kräftiger entwickelt. Wir wollen dabei nicht mit den edlern Hölzern unser Spiel treiben, sondern die Kiefer den Grundbestand bilden lassen und derselben die der Bodengüte entsprechenden Holzarten angemessen zugesellen.

Die Kiefer steht den bodenverbessernden Eigenschaften der Fichte und Tanne wesentlich nach, aber diese Holzarten sind anspruchsvoller und können sich nicht auf magerem

Boden herrschend behaupten. Die Fichte wahrt zudem, so schätzenswerth und unentbehrlich dieselbe auch immerhin zum Zwischenbau ist, nicht in erwünschter Weise die Bodenfrische und sollte deßhalb für sich allein nur unter besonderen Umständen den Grundbestand bilden. Die Fichte ist auch als Windmantel, wozu sie häufig empfohlen wird, wenigstens bei großer Exposition nicht geeignet, weil der immerwährende Wind auf den Organismus derselben einen so nachtheiligen Einfluß übt, daß sie demselben oft unterliegt. Besser leistet die Weißtanne, vermöge des festen Standes in dem Boden, dem Winde Widerstand.

Die vorzüglichsten Dienste zur Wiederansammlung von Bodenkraft leistet die Buche, denn diese liefert fort und fort durch ihre reichen Streuabfälle eine kräftige Humusdecke und bewirkt durch starke Beschattung und durch Abhaltung des aushagernden Windes eine hohe Humusthätigkeit und Frische; aber dieselbe verlangt zum freudigen Gedeihen einen an löslichen Mineralbestandtheilen reichen Boden und ein solcher wird wol selten geboten werden.

In Beziehung auf die Bodenverbesserung haben überhaupt die dichtbelaubten Holzarten (Buche, Hainbuche, Fichte, Tanne) große Vorzüge vor den lichtbelaubten (Eiche, Ahorn, Esche, Ulme, Birke, Schwarz- und Weißerle, Linde, Aspe, Salweide, Edelkastanie, Akazie, Kiefer, Lärche), weil jene eine vollkommene und dauernde Ueberschirmung und Bedeckung des Bodens sichern und damit eine hohe Produktionsthätigkeit herbeiführen, während die weniger Laub oder Nadeln erzeugenden und schwächer beschattenden Holzarten den Boden immer mehr entkräften.

Die Wahl der Holzart ist außer auf geschwächten Standortsverhältnissen noch in Gebirgsgegenden, wenn das Klima Hindernisse bereitet ꝛc., schwierig. Hier hat man darauf Rücksicht zu nehmen, daß häufig vor dem Anbau der bestandbildenden Waldbäume durch andere leichtwüchsige Holzpflanzen Bodenbeschirmung geschaffen werden muß, daß besonders, so kräftig auch der Boden sein mag, die Schatten liebende Buche und Tanne (Hainbuche) nicht unmittelbar verwendet werden können. Diese sind in der Jugend gegen Witterungseinflüsse, insbesondere gegen die direkte Einwirkung der Sonnenstrahlen äußerst empfindlich, bedürfen daher als junge Pflanzen einen schattigen Stand und können in einen Aufforstungsbestand nur dann eingesprengt werden, wenn vorher eine beschattende Blätterkrone angezogen wurde.

Die vorstehenden Gesichtspunkte bezüglich der Wahl der Holzart führen von selbst auf die anzuwendende **Bestandform und Betriebsart**. Wenn wir nur die Erhöhung der Bodenkraft vor Augen hätten, so würde uns, wo thunlich, in erster Linie der Buchenwald als Vorbild dienen; allein wir müssen auch der finanziellen Aufgabe Rechnung tragen, und demgemäß eine solche Mannigfaltigkeit in Bezug auf Zusammensetzung der Bestände erstreben, daß der Kampf der Waldbäume um Luft und Licht, sowie um den erforderlichen Wurzelraum zur vollen, ungehemmten Geltung gelangt. Dieses leitet uns auf den gemischten Wald, d. h. auf diejenige Betriebsart, welche auf einer zweckmäßigen **Mischung** verschiedener sich gegenseitig ergänzender und vertragender Holzarten (Licht- und Schatten-, sowie flach- und tiefwurzelnde Pflanzen) beruht. Ob die sich gegenseitig ausgleichende Mischung aus Laub- und Nadelholz, oder nur aus Nadelholz bestehen soll, müssen die Local- und sonstigen Verhältnisse entscheiden. Jedenfalls sind beide Waldformen zunächst als Hochwald zu behandeln. Der Zukunft muß es anheim gestellt bleiben, welche Bestandesform und Betriebsart dauernd entspricht; von vornherein kann das Wirthschaftsziel nur darauf gerichtet sein, durch frische wohlgepflegte Bodenthätigkeit die zweckmäßigste Verwandlung in der einen oder anderen Weise zu ermöglichen. Ein hohes Abnutzungsalter kann dabei für den Privatgrundbesitzer, dem Zeit Geld ist, nicht rentiren, und es muß daher dasselbe dem entsprechend bemessen werden. Aber selbst für den Staat liegen oft zwingende Verhältnisse vor, das Abnutzungsalter ungewöhnlich zu erniedrigen. Wir haben schon erwähnt, daß auf dem Heideboden namentlich bei Kiefernanbau eine sehr frühzeitige Lichtstellung eintritt; wir haben auch unter solchen Verhältnissen den sofortigen Bodenschutz durch Unterbau empfohlen; allein damit wird die Kiefer (in erster Generation) meist nicht viel länger aushalten, und wir werden verjüngen müssen, sobald der Unterstand einigermaßen den Boden gedeckt hat. Ein Abnutzungsalter so hoch, wie man einem alten Waldboden zumißt, ist für Aufforstungen keinenfalls angebracht.

Die Niederwaldform, bei der die Verjüngung durch Stock- und Wurzelausschläge erfolgt, nimmt die Bodenkraft in höchstem Maße in Anspruch, und wo die Bodenthätigkeit in Rückgang gekommen ist und die Rücksicht für eine erfolgreiche Bodenpflege in den Vordergrund treten muß, wie auf öden Gründen in der Regel der Fall, da kann dieselbe überall nicht in Betracht kommen; wo aber ausnahmsweise die Standortsbonitäten der unterstützenden Waldarbeit entbehren können, da ist sie für den Privatgrundbesitzer um so mehr an ihrem Platz, als sie mitunter die höchste Bodenrente gewährt. So liefert namentlich der mit der Edelkastanie, der Eiche und der Weide bestockte Niederwald außerordentliche Erträge.

Im Großen und Ganzen muß es sich bei der Waldwirthschaft besonders um Form und Güte des Holzes, um möglichst große, zu Nutzholz brauchbare Schaftholzmassen, überhaupt um die höchste und werthvollste Holzerzeugung handeln, und soll dabei eine nachhaltige Bewahrung der Standortsthätigkeit gewährleistet sein, so bleibt die Hochwaldform mit zeitigem Unter- und Zwischenbau um so geeigneter, als die an die Produktion gestellten hohen Ansprüche eine fortgesetzte dichte Beschirmung des Bodens erforderlich machen.

Burckhardt nennt das dabei zur Geltung kommende Betriebsverfahren „Lichtungsbetrieb", als Inbegriff alles dessen, was zur Sache gehört, und stützt sich auf den Sinnspruch:

„Dunkel am Boden,
Licht in der Höhe!"

Das Ziel ist auf einen Hochwaldbestand mit möglichst dichtem Unterstande und mit möglichst blattreicher und großer Kronen- Bestrahlungs- (Athmungs-) Fläche gerichtet. Burckhardt schildert diese Bestandesform mit dem feinsten forstmännischen Verständniß. [1])

[1]) „Aus dem Wald". Heft VIII. S. 88).

Der Zweck des Lichtungsbetriebes läuft darauf hinaus, durch Erweiterung des Wachsthumsraumes im bisher geschlossenen Bestande eine nach Menge und Güte gesteigerte Produktion zu vermitteln, den abkömmlichen Theil der Bestandesmasse der nächsten Zukunft zuzuwenden, gleichzeitig aber durch Unterholz den Boden zu decken und produktiver zu machen. Hat der Lichtungsbetrieb ausgespielt, so folgt die Hauptnutzung, und die Sache geht den alten Gang.

Es kann bei dem Lichtungsbetrieb der Unterbestand als bloßer Unterbusch oder als Bodendeckmittel für den Oberbestand dienen, aber auch als selbstständiger wuchsfähiger Bestand in den Kreislauf der Bestandesfolge hineingezogen und demgemäß zum Oberbestande herangebildet werden. Im letzteren Fall wird er doppelwüchsiger Hochwaldbetrieb genannt. Es ist dabei Sorge zu tragen, daß der Unterbestand rechtzeitig zu seiner Kräftigung das nöthige Licht erhält und derselbe nach den allmählich folgenden Verjüngungshieben in die richtige Stellung als Oberbestand gebracht wird.

Der Lichtungsbetrieb ist das Vorbild aller Nutzholz-Bestandsformen, indem er bei voller Bodenkrafterhaltung für Schaftbildung und Lichtausnutzung gleichzeitig das Höchsterreichbare gewährt. Die beschleunigte Stärkenzunahme im Lichtzustande begründet insbesondere eine rasche und erhebliche Steigerung des Qualitätszuwachses, so daß die Oberholzklasse frühzeitig hiebsreif d. h. nutzbar wird. Bei angemessener Handhabung des Lichtungsbetriebes kann daher der Waldbesitzer, weil Zeit ein wichtiger finanzieller Faktor ist, auf eine gute Verzinsung rechnen.[1]) Diese wird noch mehr gesichert, wenn die dunkel- und lichtbeschattenden Holzarten in zweckmäßiger Mischung dem Standorte angepaßt werden. Da es Zweck der Mischung ist, die nutzholzreichen Lichtholzarten zu einer gedeihlichen Entwickelung und Nutzholzerstarkung durch

[1]) Während die gleichalterige Hochwaldwirthschaft bei den üblichen Umtriebshöhen sich außerordentlich niedrig verzinst (Buchen 1%), gewährt der Lichtungsbetrieb durch die damit Hand in Hand gehende Hebung des Massen-, Qualitäts- und Theuerungszuwachses bei richtiger Behandlung auf angemessenen Standortsverhältnissen eine Verzinsung von 4% und darüber.

die als Füll-, Treib- und Schutzholz beigemischten Schattholzarten zu bringen, so wähle man vor allen Dingen jene dunkelbeschattenden Holzarten, durch deren Beimischung der Zweck am vollkommensten erreicht wird. Auch in dieser Beziehung nimmt die Buche, wenn ihr Gebrauchswerth auch kein hoher ist, den ersten Rang ein. Die Buche sollte man daher, sofern die Standortsverhältnisse es gestatten, stets zum Grundbestand nehmen. Nächst dieser folgt die Tanne und dann die Hainbuche, welche beiden Holzarten zweckmäßig in Vermischung mit der Buche den Grundbestand bilden dürften. Die Fichte diene als Nothbehelf für ungünstigere Standorte und als Mitbesatz der Lücken. Wo aber die Fichte den Grundbestand bilden soll, da wähle man Mischhölzer, die dem Nonnenfraße ꝛc. gar nicht oder mit weniger nachtheiligen Folgen unterworfen sind, die aber auch den Wind ertragen ꝛc. Alle leichtbeschattenden Holzarten, wie Eiche, Esche, Ahorn, Ulme, Kiefer, Lerche ꝛc., sofern sie auf die betr. Oertlichkeit passen, sprenge man dem Grundbestande einzeln und in kleinen Gruppen durchweg gemischt ein. Dabei gebe man den werthvollsten Holzarten, namentlich der Eiche, den Vorzug. Auf mageren Standsortsverhältnissen, wo zunächst die Kiefer den Grundbestand bilden muß, sind uns aber als Beimischung andere Lichthölzer, insbesondere die Birke, welche sich als wahres Gift für den Boden zeigt, für die Aufforstung verderblich, mag immerhin derselben (an Gestellen) ein Kranz gegönnt sein. Eine Ausnahme davon macht die Eiche, welche, abgesehen von ihrem ausgezeichneten Gebrauchswerthe, in mäßiger Beimischung gute Dienste leistet, indem sie den Druck der Kiefer aushält, sich im unterdrückten Stande außerordentlich verzweigt, damit den Boden gegen starke Austrockung und Verkohlung des Humus schützt und vermöge ihrer Ausschlagsfähigkeit sich Jahrhunderte behauptet, wie die in den Heiden theilweise noch vorhandenen alten Eichen-Krüppelbüsche (Stühbusch) beweisen. Auch wo Schutzmäntel in den kahlen Heiden nothwendig sind, empfiehlt sich die Eiche zur Bepflanzung der Erdwälle.

In allen Fällen ist eine zuvorige gründliche Untersuchung nothwendig, wobei man sich vergewissern soll, daß der Standort wenigstens diejenige Holzart, welche den

Grundbestand bilden soll, mit gutem Gedeihen zu ernähren vermag. Im Zweifel wähle man immer die anspruchslosere Holzart, damit keine Bevorzugung auf Kosten des Gedeihens platzgreifen kann.

Im Uebrigen muß man bezüglich der Wahl der Holzarten dem Fingerzeige der Natur folgen und an diejenigen sich halten, welche in der betreffeuden Oertlichkeit erfahrungsmäßig am besten gedeiheu:

Die Natur hat auch gezeigt, daß die Wiederbewaldung bei **Schonung** hier und dort auf die Lebenszähigkeit und Ausschlagskraf **der noch vorhandenen Waldbaumwurzeln** ꝛc. mehr oder weniger begründet werden kann, und es muß daher die erste Culturarbeit darin bestehen, sämmtliche vorhandenen und verbutteten Holzpflanzen (Bäume, Sträucher und Stauden) mit vorbezeichneter Eigenschaft möglichst nahe oder sogar unter der Erdkrume auf den Stock zu setzen. Ebenso besitzen die Stöcke mitunter viele lange, gerade und biegsame Triebe, die man leicht in ringsum den Stock vertheilte Stämmchen einsenken kann, um sie später vom Mutterstocke zu trennen. Alle, selbst die nutzlosesten Holzpflanzen, wenn sie nur zur Bodenbefestigung beitragen und Schatten gewähren, sind möglichst zu schonen und so lange zu erhalten, bis der Jungwuchs des Seitenschutzes nicht mehr bedarf, besonders an jenen steilen Hängen, wo der Boden erst wieder einige Bindung erlangen muß. Sobald aber die junge Cultur durch den Seitenschatten leidet, muß das Beil die schädlichen Ueberhalter treffen. In den Heiden, wo man die Versäumniß der rechtzeitigen Wegräumung fürchtet, wird meist nur auf rasirter Fläche cultivirt.

Eine gute Bestockung führt zur Erzielung ausreichenden Bodenschirmes und ist dadurch von größtem Nutzen. Dazu muß die Holzcultur in ihrer Mannigfaltigkeit dergestalt helfen, daß selbst die kleinste Lücke zeitig und zweckmäßig bestockt wird.

Einige Holzarten lassen sich durch Stecklinge *erziehen* (die Weide, die Pappel), andere müssen aus Samen *gezogen* werden (die Nadelhölzer und die meisten Laubhölzer.) **Die Saat,** so naturgemäß sie auch immerhin ist, muß man aber auf Kahlflächen selbst für die Licht liebenden Holzarten, hauptsächlich ihrer Unsicherheit wegen und weil sie den Boden zu langsam deckt, verwerfen und **der Pflanzung** den Vorzug geben. Bei den Aufforstungen auf heidwüchsigem Boden müssen wir dieses um so mehr, da hier ganz besonders, der Verheidung wegen, eine schleunige Deckung des Bodens geboten ist. Wie sehr sich die Heide behauptet, sehen wir auf allen Culturflächen in den Heidegegenden; aber noch auffälliger ist, daß sie nach jeder Bodenbearbeitung, namentlich auf dem Hochmoore nach der Entwässerung und sogar nach der Brandcultur, gleichsam als wären ihre Kräfte verjüngt und erfrischt, abscheulich wuchert.

Dieses Umstandes wegen müssen wir denn auch eine enge Pflanzung empfehlen, deren Weite zweckmäßig auf 1 m, unter Umständen noch geringer festzustellen ist.

Zur Erhaltung des Mischungsverhältnisses pflanze man reihenständig jede Holzart für sich. Wo der Wuchs zweier Holzarten verschieden ist, da bewirke man die Mischung derselben nicht Reihe um Reihe, sondern wähle für jede der beiden Holzarten 3 Reihen, damit bei einer Unterdrückung von den Seitenästen wenigstens die Mittelreihe erhalten bleibt. An Berghängen sind die Reihen der Schutzpflanzen horizontal, in sonstigen Lagen so anzulegen, daß sie den meisten Schirm gegen die Strahlen der Mittagssonne gewähren.

Für die Holzcultur ist ein Haupterforderniß die Erziehung kräftiger Pflänzlinge durch **Saat- und Pflanzbeete.**

Man wähle dazu möglichst eine geschützte Lage und einen nahrhaften und lockeren Boden. Auf hochgelegener Heide und anderen kahlen Höhenzügen muß man die Forstgärten in sorgfältig umwallte Koppeln einhegen, um durch Abhaltung des Windes die Bodenfeuchtigkeit mehr zu erhalten. Sollen die Forstgärten längere Jahre benutzt werden, so sind die Wälle noch mit Birken oder Kiefern zu besetzen. Der Boden wird im Sommer tief umgegraben, riolt, im Herbst und Frühjahr durchgehackt und gehörig gereinigt. Enthält der Boden keine gute, keimfähige Erdkrume, so wird er mit guter Composterde, Rasenasche, Mergel 2c. sorgfältig vermischt, auch werden wol Lupinen angesäet und zur Düngung grün untergegraben. Die Beete werden in 1,20 m Breite angelegt. Alsdann wird im Frühjahre der Same, welcher gut und keimfähig sein muß, reihenweis in entsprechenden Riefen von 20—30 cm Entfernung ausgesäet und mit feiner Composterde, je nach der Größe des Samens 3—6 cm dick bedeckt. Auf den Ar säe man von Kiefer, Fichte, Weißtanne ꝛc. 1 kg, Buche 5 kg und Eiche 8 kg Samen. Soweit nicht die Einhegung Seitenschutz gewährt, ist nach der Saat ein Bestecken mit Nadelholzzweigen ꝛc. an den Rändern der Beete, bei Weißtanne und Buche sogar eine Ueberdeckung in der Höhe von 1 m über dem Boden, zum Schutz der jungen Pflanzen zweckmäßig. Die Ueberdeckung empfiehlt sich im Winter für alle einjährigen Pflanzen. Auch Bedecken der Saatbeete mit Laub und Moos zwischen den Saatriefen während des Winters ist dienlich, jedoch muß man sich wahren, daß die jungen Pflanzen nicht erstickt werden. Zum Schutz gegen den Fraß des Ungeziefers und der Vögel ist es zugleich dienlich, die Saatbeete mit Netzen zu überspannen, oder mit gelochten aus den Knopffabriken billig zu beziehenden Blechen, oder mit Lattengerüste zu überdecken. Ist Engerlingsfraß zu befürchten, so schützt das Untergraben von Moor- oder Torferde, auch zuvorige Ueberwässerung der Kampfläche.

Im nächsten Frühjahre werden die einjährigen Pflänzchen von Fichte, Weißtanne, Buche ꝛc., sofern sie kräftig sind, in 15 cm Entfernung auf Pflanzbeete versetzt, die ebenso wie die Saatbeete zu bearbeiten sind.

Fleißiges Reinigen der Saat- und Pflanzbeete von Unkraut und fleißiges Auflockern des Bodens bei feuchtem Wetter ist Erforderniß.

Im dritten Jahre sind die Fichte, Lerche, Esche, Ahorn, Kastanie ꝛc., im vierten bis fünften Jahre Buche, Weißtanne pflanzbar. Aeltere Pflanzen sind nur ausnahmsweise zu verwenden.

Kiefer und Eiche werden zweckmäßig, ihrer Pfahlwurzel wegen, mit dem sogen. Keilspaten [1]) einjährig aus dem Saatkamp verpflanzt. Unter gewissen Verhältnissen ist

[1]) Ein hölzerner schmaler und sich zuspitzender Spaten mit Eisenbeschlag. Ein Mann macht die Pflanzspalten und drückt dieselben, nachdem ein anderer die Pflänzlinge eingelegt hat, mit den Füßen wieder an.

auch, wie wir später sehen werden, die gewöhnliche Ballenpflanzung ꝛc. angebracht.

Auf das Ausheben der Pflänzlinge und auf die Frischhaltung der Wurzeln ist besondere Sorgfalt zu verwenden. Die Herbstpflanzung verdient den Vorzug. Als Regel gelten Einzelpflanzungen. Das Einstutzen der Wurzeln ist zu vermeiden. Bei der Verpflanzung wirken, worauf wir schon hingewiesen haben, gehörige Auflockerung der reichlich zu bemessenden Pflanzstelle und gute Pflanzerde günstig. Die Pflänzlinge dürfen nicht tiefer gesetzt werden, als sie gestanden haben.[1]) Die der flachwurzelnden Holzarten (Fichte) setze man auf in der Mitte der Pflanzlöcher flach angelegte kleine Hügel (wie beim Setzen der Spargel), gebe den Wurzeln ihre natürliche Lage, überdecke sie mit lockerer Erde und drücke diese mit platten Händen im äußeren Umfange so an, daß der Pflänzling feststeht; alsdann belege man die Pflanzstelle, handbreit vom Stämmchen entfernt, mit dem oberen Abstich (Plaggen, bei Moor Erdschollen) oder mit Steinen ꝛc. Im Uebrigen vermeide man bei der Pflanzung alle Künstelei, blicke vielmehr in die Natur und verleihe der Pflanze einfach ihr Recht. Das Pflanzen mit dem Keilspaten (Klemmpflanzung) ist zwar nicht naturgemäß, weil die Seitenwurzeln zusammengedrückt werden, allein dieses geschieht auch nur bei einjährigen Kiefern und Eichen[2]) zu Erhaltung ihrer Pfahlwurzel, worauf es besonders bei diesen Hölzern ankommt, und heilt bald aus.

Wer tiefer in die Holzcultur blicken will, den verweisen wir auf die Lehren des leider für die Wissenschaft zu früh verstorbenen Forstdirectors Dr. Burckhardt, „Säen und Pflanzen“ ꝛc. Wer über Kostensätze der Culturarbeiten, Samen- und Pflanzenmengen ꝛc. näheren Aufschluß verlangt, dem empfehlen wir den Forstkalender von Schneider, zumal ein solcher auch in anderen Dingen für den Holzzüchter nützlich ist.

---

[1]) Der leichte Sandboden erfordert jedoch eine Ausnahme; hierin wird die Kiefernpflanze so tief eingesetzt, daß nur der Nadelschopf mit der Knospe aus der Erde hervortritt.

[2]) Uebrigens ist diese Methode auch bei flachwurzelnden Holzarten auf kräftigem Boden mit Erfolg ausgeführt; wir wollen jedoch dieselbe nicht empfehlen.

Um nun die örtlichen **Besonderheiten** der Holzcultur kennen zu lernen, wenden wir unser Augenmerk auf die **klimatischen** Verhältnisse, welche ja auch auf das Pflanzenleben einen bedeutenden Einfluß ausüben.

Deutschland liegt in der gemäßigten Zone, hat zudem noch je nach der Nähe der Küste mehr oder weniger an den mildernden Einwirkungen des Meeres theilzunehmen. Ganz Deutschland liegt im Gebiet, wo der zurücklaufende warme und feuchte Passatwind siegreich den Kampf mit der kalten Polarströmung besteht, in der Zone der wechselnden Niederschläge, wo der Sommer Regen, der Winter-Regen oder Schnee bringt und wässerige Niederschläge in allen Jahreszeiten erfolgen. Durch ganz Deutschland, wo der Boden sich dazu eignet, gedeihen alle Holzarten deutschen Ursprungs. In Lützburg (Ostfriesland) an der Nordsee ist z. B. die von Natur einen hohen Stand liebende Weißtanne heimisch geworden und weist in ihrem Wachsthum erstaunliche Resultate auf.[1]) Selbst viele fremde Holzarten der verschiedensten Länder und Zonen haben sich hier unter bestimmten Verhältnissen acclimatisirt. So sehen wir die auf die kalten Regionen der höheren Gebirge (Schweiz, Tirol und Böhmen) angewiesene Lärche in der Lüneburger-Heide ꝛc. einzeln als Zwischenholz der Kiefer in ausgezeichneten Exemplaren mit festem und harzreichem Holze.[2]) Wir haben aber oben bei der jährlichen Holzerzeugung der deutschen Staaten nachgewiesen, daß das Wachsthum des Waldes im Großen und Ganzen im Süden und Westen Deutschlands weit größer ist, als im Norden. Wir sehen denn auch den Weinstock nur bis an die untere Werra bei Witzenhausen reichen, während die Kastanie und die Mandel an der Haardt und an der Bergstraße reifen. Noch weniger Verwandtschaft finden wir zwischen Küstengegenden und Alpen bestehen. Dort ist es der unaufhörliche, oft ziemlich heftige Seewind, hier die Rauhheit der Luft, worunter die

---

[1]) Burckhardt „Aus dem Walde". VIII Heft. S. 144.

[2]) Im Hannoverschen Magazin vom Jahre 1753 heißt es, daß die Lärche (St. 61) damals der „Modebaum" gewesen sei, daß man (St. 30) am Harze seit 1730 erfolgreiche Versuche mit dem Baume gemacht habe und ebenso seit 1746 in den Bergen an der Weser.

naturgemäße Entwickelung der Holzgewächse behindert wird. Mit der verticalen Erhebung über die Meeresfläche erniedrigt sich stufenweise die Temperatur. Die Alpen erheben sich in ihren höchsten Gipfeln in die Region des ewigen Schnees; die höchsten Gebirge Mitteldeutschlands bleiben dagegen weit darunter zurück. Ist auch das höhere Bergland rauh, so sind dagegen die geschützten Einsenkungen um so milder. Mit Ausnahme der Alpen erreicht das deutsche Gebirge kaum die von der absoluten Höhe gebotene obere Grenze der Buche, obschon in den höheren Theilen vieler Gebirge, des Scharzwaldes, des größern Theils des Thüringerwaldes, des Oberharzes, die Tanne und Fichte die herrschenden Waldbäume sind. In dem höchsten Theile der südlichen Vogesen verschwindet sogar die dort sonst herrschende Tanne, während die Buche noch ihr Haupt erhebt. Von unseren einheimischen Holzarten steigt die Fichte am höchsten, während die Kiefer in den niederen Lagen und namentlich im Flachlande allerseits und selbst da gedeiht, wo kaum ein anderer Baum mehr fortkommt. Nur von den höchsten Höhen der Sudeten, des Riesengebirges, des Schwarzwaldes und des Brockens weicht der hochstämmige Wald zurück.

Die Holzvegetation des deutschen Flach- und Berglandes zeigt gewisse Unterschiede, die zu einer getrennten Behandlung in der voliegenden Frage um so mehr Veranlassung geben, da auch in den Culturarbeiten wesentliche Verschiedenheiten bestehen.

Indem wir uns dem besondern Theile unserer Aufgabe zuwenden, richten wir daher zunächst unsere Aufmerksamkeit auf

die Ebenen.

Das ausgedehnte norddeutsche Flach- oder Tiefland, welches in früherer Zeit Meeresboden [1]) war und jetzt ver-

---

[1]) Humboldt sagt: „Noch jetzt ruft oft nächtliche Täuschung diese Bilder der Vorzeit zurück. Wenn im raschen Aufsteigen und Niedersinken die leitenden Gestirne den Saum der Ebene erleuchten, oder wenn sie zitternd ihr Bild verdoppeln in der unteren Schicht der wogenden Dünste, glaubt man den küstenlosen Ocean vor sich zu sehen. Wie dieser, erfüllt die Steppe das Gemüth mit dem Gefühl der Unendlichkeit.

hältnißmäßig geringe Höhe über dem Meeresspiegel hat [1]), besteht in seiner Oberfläche aus mächtigen, weit überwiegend sandigen Diluvialablagerungen. Sand, Lehm, Grus, Geschiebe und Geröllschichten, in denen die Feuersteine aus der obern Kreideformation häufig vorkommen, sind je nach den lokalen Verhältnissen in mannigfachem Wechsel abgesetzt. Ueber dem Ganzen finden sich Gesteins-Blöcke von Granit, Gneiß, Quarz- und Kieselschiefer von der verschiedensten Größe. „Betrachtet man nun die Hauptmasse der Bodenbedeckung, den Lehm und Sand selbst, so trennt sich an den meisten Stellen die ganze Bildung in drei Abtheilungen, indem zwei Sandschichten eine Lehm- und Mergelschichte zwischen sich nehmen. Wo, wie namentlich in den tiefer in den Haiderücken einschneidenden Flußthälern, die obere Sanddecke durch die Gewalt heftig strömender Wassermassen fortgeschwemmt ist, da stehen die Lehm- und Mergelschichten zu Tage, und das sind die Plätze der ältesten Ansiedelungen und Culturen. An den dazwischen liegenden Hügeln hat aber das an der Oberfläche verlaufende und in einige Tiefe eindringende Regenwasser die feinen Thontheile aus dem Lehm je länger je mehr fortgeschwemmt, und es ist dort oben nur der nackte Sand geblieben, der zum Ackerbau nicht geeignet, oft ein Spiel des Windes, der ihn zu Dünen anhäuft, jene meilenweiten, mit brauner Heide bedeckten Einöden bildet. Wo aber die Lehm- und Mergellager der Oberfläche so nahe liegen, daß sie sich mit Vortheil an die Oberfläche hervorbringen lassen, da ist es leicht, den so armen Boden durch die Mischung beider Bodenbestandtheile zu verbessern" [2]). Ueber diesen Diluvialablagerungen, theils in Becken, theils in den später eingefressenen Thälern und Niederungen,

[1]) Das Niveau der Ebene steigt vom Meeresstrand bis zu den Hauptflußläufen etwa 30 m hoch an. Die höchsten Punkte der lüneburger Hügelkette erheben sich etwa 150 m über den Spiegel der Nordsee, während der Höhenzug des Hümmling im Herzogthum Arenberg-Meppen bis gegen 60 m ansteigt. Das höchste Niveau nimmt der Fläming ein, welcher über 220 m hoch nordöstlich von der mittleren Elbe hinzieht und diese in der Altmark überschreitet.

[2]) Guthe, „die Lande Braunschweig und Hannover".

finden sich die jetzigen Bildungen: die Brüche, die Sumpf- und Torfmoore, der Raseneisen- und Ortstein, ein die Vegetation sehr behinderndes Konglomerat von Brauneisenstein und Sand. Ebenfalls sehen wir seewärts immer neue Anlandungen (die fruchtbaren Marschen Norddeutschlands) entstehen, die im Gegensatz gegen die höher gelegene, sandige Geest treten; auch wie der Schlick der Flüsse sich oft über große Strecken ablagert und fruchtbare Auen bildet. Deiche schützen diese Gefilde gegen die Wellen des See- und Flußwassers, während die Sandinseln von den Wellen mehr und mehr abgespühlt werden.

Die übrigen Ebenen Deutschlands beschränken sich auf ihre von dem Hügel- und Berglande eingeschlossenen Flußgebiete. Sie führen in ihrer Oberfläche Ablagerungen, welche in die Jetztzeit hinüberleiten und aus Bodenbestandtheilen des die Flüsse umgebenden Hügel- und Berglandes bestehen. Wir sehen wie die Regen- und Schneewässer von den Berghängen das Erdreich fortschwenmmen und wie bei Hochwasser sich dasselbe als Sediment in den Niederungen absetzt, wie von den Berghängen bei Gewittern rc. durch die Gießbäche selbst Stein- und Kiesmassen fortgerissen und die unteren Gegenden damit überschüttet werden. Die etwas erhabenen Landstriche dieser Ebenen sind, soweit sie Thon und Mergel enthalten, sehr fruchtbar, soweit sie jedoch aus Kies oder Sand bestehen, mehr oder weniger mager, während in tiefer gelegenen Gegenden Sümpfe mit Moorbildungen auftreten.

Wir gehen nun zu den einzelnen Bodenarten des Flachlandes über. Am fruchtbarsten ist

der Marsch- und Auboden.

Derselbe ist durch die allmähliche Zuführung von Fluß- und Meerwasserablagerungen entstanden und mit Humus bildenden Pflanzenresten mehr oder weniger reichlich gemischt.

Die Flußmarschen (Auen) haben Sand, Thon, Mergel, Lehm, Grand in verschiedenster Zusammensetzung und Mächtigkeit, jedoch sackt Sand und Grand, und die leichteren Erdarten als Thon und Mergel bilden meistens den Obergrund.

Die Meermarschen sind gleichförmiger gebildet und fruchtbarer. An der Nordküste sind es hauptsächlich die thierischen, Stickstoff enthaltenden Ablagerungen, durch welche der dortige Marschboden Jahrhunderte lang die reichsten Ernten ohne Düngung liefert.

Der Flußmarschboden ist aus denjenigen Erdtheilen zusammengesetzt, welche in den vom Fluß durchströmten mannigfaltigen Bodenarten vorkommen, und deßhalb sind die Bestandtheile desselben so sehr verschiedenartig gemischt. Je nachdem die Erdkrume mehr Thon und Mergel oder mehr Sand und Grand enthält, ist der Boden reich oder arm an Mineralstoffen; aber durch die reichliche Beimischung an Pflanzenresten kann gleichwohl der mineralisch arme Boden für das Pflanzenwachsthum noch fruchtbar sein.

In der Regel bildet der Marsch- und Auboden Fluren, wo die Natur ihre Gaben in schönster Fülle und Kraft ausschüttet. Hier hat die Landwirthschaft ein ausschließliches Recht. Hingegen besitzen die mageren Gegenden noch manche Sand- und Kieshöhen, die sich nur für die Holzcultur eignen. Solche Partien müssen aber der Geest zugewiesen werden, unter deren Bodenarten sie denn auch zur Behandlung kommen.

Die Ufer und Niederungen der Flüsse und Ströme, soweit sie nicht Moor oder strengen undnrchlässigen Boden, dagegen gehörige Feuchtigkeit haben und nicht durch Deiche vor den gewöhnlichen, Schlick ablagernden Ueberschwemmungen geschützt sind; können als natürliche Standorte der **Weiden** gelten. Ein feuchter und milder Humusboden mit Sandunterlage ist für eine ausdauernde Weidennutzung am geeignetsten. Bei keiner anderen Holzart spielt das Wasser eine so hervorragende Rolle, als bei der Weide; denn am besten gedeiht sie in denjenigen Flußthälern, welche öfteren Ueberschwemmungen ausgesetzt sind und einen günstigen Grundwasserstand haben. So sehr nun auch der Weide die Feuchtigkeit zusagt, so schädlich ist derselben das stagnirende Wasser; deßhalb muß man mit der Bewässerung stets eine gründliche Entwässerung im Auge haben. Eine Hauptbedingung für das Gedeihen der Weidencultur ist ferner noch eine rationell durchgeführte Bodenbearbeitung.

Das zur Weidenanlage bestimmte Grundstück wird je nach der Güte und Beschaffenheit des Untergrundes in einer Tiefe von 40 bis 60 cm riolt und dann in 3,50 m breite Beete mit tiefen Grüppen (Gräben) gelegt.

Das Riolen ist nicht nur zur Verbesserung des Bodens, sondern auch zur Vertilgung des den Weiden schädlichen Unkrautes und zur Erleichterung der Ausdehnung der Weidenwurzeln nothwendig. Diese Arbeit ist so zeitig vor Winter auszuführen, daß die zersetzenden Einflüsse der Winterkälte und Nässe dem Boden vollständig zu gut kommen. Hat der Boden die nöthige Gahre erlangt, so wird er geeggt und die Pflanzung kann beginnen. Da die im Herbst angelegte Weidencultur leicht von den im späten Frühjahr eintretenden Nachtfrösten vernichtet werden kann, so ist die Frühjahrspflanzung vorzuziehen.

Die Auswahl und die richtige Behandlung der Stecklinge ist von großer Wichtigkeit. Sie werden 2—4 Wochen vor dem Gebrauche von kräftigen und gesunden Ruthen 30 cm lang mit einem scharfen Messer rein und glatt geschnitten und während dieser Zeit bundweise eingeschlagen. Die Stecklinge werden mit den Augen nach oben in einem Winkel von 45° in die Erde gelegt, und zwar in einer Entfernung von 60 und 40 cm, auf gutem Boden sogar von 30 und 15 cm. Im ersten Jahre ist zur Vertilgung des gleich nach dem Pflanzen aus der Erde wachsenden Unkrautes, welches den Weidenpflanzungen sehr schädlich werden kann, eine Hackfrucht, Rüben oder Kartoffeln, als Zwischenfrucht in Dünger zu bauen und diese gut rein zu halten. Im zweiten Jahre beginnt der jährliche zu wiederholende Abtrieb. In der Provinz Sachsen werden die Weidenheger in Schläge eingetheilt und in 3 bis 4jährigem Umtriebe bewirthschaftet.

Wer seine Weidenplantage auf längere Jahre nutzbar erhalten will, thut wohl daran, dieselbe in bestimmten Zwischenräumen, die sich ganz nach der Bodenbeschaffenheit und dem Ernteertrage richten müssen, durch Stalldünger zu düngen. Selbstredend ist das bei Schlick ablagernden Ueberschwemmungen überflüssig.

Die beiden hauptsächlich cultivirten Weidenarten Salix viminalis und Salix purpurea unterscheiden sich hauptsächlich dadurch, daß die erstere mehr in die Höhe wächst, während letztere mehr stauchartig sich ausbildet; die erstere gibt einen größeren Massenertrag, während die zweite eine feinere mehr gesuchte Korbweide ist; die Rinde der Salix purpurea wird auch in neuerer Zeit zur Bereitung von Salicylsäure benutzt, und ist dadurch der Ertrag dieser Weide ein doppelter.

Die Bodenrente, welche die Weiden nach Abzug der Zinsen und Amorisation des Grund- und Anlagekapitals und der Verwaltungskosten pro ha abwerfen, betrug in der Provinz Sachsen an der Saale und Elbe noch vor wenigen Jahren 600 bis 720 ℳ

Der preußische Staatsanzeiger empfahl jüngst bei Gelegenheit einer Besprechung einer vom Landrath Janszen herausgegebenen Broschüre: „Die Korbweidencultur und die Korbwaaren-Industric im Kreise Heinsberg (Reg.-Bez. Aachen)" die Cultur der Korbweide, da die dortigen Anlagen einen sehr hohen Ertrag abwerfen und zu denselben Boden benutzt werden kann, der zu anderen landwirthschaftlichen Zwecken nicht zu verwerthen ist.

Uebrigens spielen bei dieser Cultur Zeit- und Ortsverhältnisse eine wesentliche Rolle. Während z. B. bis vor einigen Jahren die Cultur der Elbweiden zur Gewinnung von Faßdauben und Korbflechtmaterial die höchste Bodenrente gab, ist dieselbe nach und nach so zurückgegangen, daß die letzlen Jahrgänge wenig mehr als den Brennholzwerth ergeben haben. Zur Erklärung dieses Umstandes mag das Darniederliegen aller Handelsthätigkeit viel beitragen; ebenso kann die Verwendung von Eisenblech zu Kisten- und Fässerbeschlägen die Holznutzung beeinträchtigt haben. Außerdem wird als Thatsache mitgetheilt, daß die amerikanische Concurrenz sich auch auf diesem Gebiete fühlbar macht.

Näheres über diese Cultur findet sich in der Broschüre: R. Schulze, die Cultur der Korbweide, Brandenburg a. d. Havel 1874. Der Verfasser, früher Revierförster, ist wohnhaft zu Meßdunk bei Brandenburg a. d. Havel; er ist Autorität auf diesem Gebiete, hat selbst ausgedehnte Sohlweidenculturen, liefert Pflanzmaterial und ist zur Projectirung größerer Anlagen und Unterweisung des Aufsichtspersonals an Ort und Stelle gegen Ersatz der Reisekosten gewiß erbötig.

Die Flußniederungen, welche häufig überschwemmt werden und keinen gehörigen Abfluß haben, verwässern und versumpfen; es finden sich alsdann saure Gräser, Rohr, Schilf rc. ein und es bildet sich aus den modernden Theilen dieser Pflanzen und aus zugeschlemmten Stoffen

der Bruchboden.

Derselbe lagert gewöhnlich auf Sand und besteht aus mehr oder weniger verwesten Pflanzenstoffen mit Beimischung von mineralischen Bestandtheilen. Je vollständiger dieser Boden nun letztere enthält und je mannigfacher die Verbindungen derselben mit den pflanzlichen Stoffen sind, desto vollkommener werden darauf alle Arten von Culturpflanzen erzeugt. Meistens verlangt der Bruchboden noch die Herstellung einer größeren Festigkeit durch Zuführung eines verdichtenden Hilfsmittels (Lehm und Sand). Als Grundbedingung muß aber stets eine zweckmäßige Regulirung der Wasserverhältnisse vorangehen, zumal der Bruchboden gewöhnlich mit Grundwasser übersättigt ist, dabei eine sehr bedeutende Haarröhrchenkraft besitzt, vermöge deren er die Feuchtigkeit, die Erzeugungsursache der Säure im Boden, sehr stark und hoch aufsaugt und festhält.

Häufig sind solche Brüche zu Wiesen sehr geeignet und leicht in diese umzuwandeln. Ihres natürlichen Graswuchses wegen werden sie auch Grünlandsmoore genannt. Bei guter Abwässerung sind sie aber gleichfalls mit großem Nutzen zum Feldbau zu aptiren. Vorzüglich bewährt hat sich auf diesem Boden die sog. Dammcultur. [1]) Obschon der Bruchboden vermöge seiner Fruchtbarkeit die höchste Bodenrente aus dem Wiesen- und Feldbau zieht und also volkswirthschaftlich dieser Verwandlung am meisten entspricht, so kommen doch Fälle vor, wie z. B. bei ausgesetzten häufigen Ueberschwemmungen, hohem Grundwasserstande rc.,

---

[1]) Rimpau's Dammculturen zu Cunrau (Drömling) in der Altmark zeigen über jede Anfechtung hinaus, wie Bruchboden unter günstigen Umständen der Marsch gleich fruchtbar werden mag.

wo Brüche mit Nutzen zur Holzcultur gezogen werden können.

Da der Bruchboden leicht austrocknet und dann unfruchtbar wird, so muß ganz besondere Vorsicht bei den Abwässerungsanlagen beobachtet werden, worauf wir später zurückkommen.

Das gründlichste und beste Vorbereitungsmittel ist das Uebererden mittelst der Damm- oder Rabattencultur. Die Breite und Höhe der Dämme, bezw. die Breite und Tiefe der Gräben muß sich zunächst nach dem zu erlangenden Wasserstandsverhältnisse richten. Je sumpfiger der Boden, desto schmaler und höher die Dämme und desto breiter und tiefer die Gräben. Die Dimensionen der Gräben sind sodann mit den auszuhebenden Erdmasse und der Haltbarkeit der Grabenwände in Einklang zu bringen, jedoch kann man im mächtigen Bruchboden, um mineralische Erde zu gewinnen, die Gräben weniger breit als tief legen, um so mehr, da dieser Boden nur eine geringe Böschung erfordert. Angemessen steht immer die Damm- zur Grabenbreite in dem Verhältnisse wie 5 : 1. Man zieht also, je nachdem der Boden mehr oder weniger sumpfig ist, in 5, 10 bis 20 m Entfernung Gräben von 1 bis 2 m Breite und so tief, daß möglichst eine 15 cm dicke Schicht des unter dem Bruchboden gewöhnlich lagernden Sandes als Deckmaterial heraufbefördert und der Grundwasserspiegel 1 bis 1,50 m tief unter dem Gelände zu stehen kommt. Nach dieser Bearbeitung setzt sich die Bruchmasse gewaltig, worauf von vornherein Bedacht zu nehmen ist. Nach Verlauf eines Jahres kann der Boden, wenn das Deckmaterial nicht eisenreich ist, für die Holzcultur empfänglich sein. Der Sand versinkt vemöge seiner Schwere bald in den weichen Boden und macht dadurch eine künstliche Vermischung unnöthig. Bei Thon ist dagegen eine Vermischung mit der Brucherde geboten.

Das billigste Vorbereitungsmittel ist die Brandcultur; diese will aber mit ganz außerordentlicher Vorsicht betrieben sein, da leicht die Brucherde bis auf den Untergrund abbrennt und dadurch die Bodenkraft bedeutend beeinträchtigt wird. Bei tüchtiger Bodenbearbeitung kann schon durch einjährige Brandcultur der Boden empfänglich gemacht werden.

Auf dem Bruchboden hat entschieden die Pflanzung den Vorzug, da die Saat durch die Graswüchsigkeit erstickt. Auch ist auf denselben, seines Auffrierens wegen, die Frühjahrspflanzung angebracht. Ebenso kann darauf für kleine Pflänzlinge, damit dieselben vom Graswuchs nicht leiden, eine vereinfachte Hügelpflanzung empfohlen werden. Dabei sind die Pflänzlinge in die aus gewöhnlichem mineralischen Boden aufgetragenen Hügel, ohne besondere Decke, möglichst tief einzusetzen.

Ein fetter Bruchboden ist mit Tanne, Buche und Eiche in Vermischung, denen noch in geringer Menge Esche, Ulme rc. zugesellt werden können, zu bebauen. Auf einem solchen Boden läßt sich dann auch in aller Weise die Nutzholzwirthschaft ausbeuten, zumal man allen werthvollen Lichthölzern, selbst der sonst gefürchteten Birke, unbekümmert darauf einen Platz anweisen kann.

Ein magerer Bruchboden wird immer noch die Fichte und Eiche tragen, welchen die Kiefer beizumischen ist.

Ist der Boden nicht völlig trocken zu legen, so wird die Erle sich behaupten, auch hier und dort die den Boden austrocknende und befestigende Fichte angebracht sein.

Der anmoorige Boden.

Verlassen wir die Fluß- und Meergebiete (das Alluvium) und betreten wir die mehr oder weniger hoch sich über den Meeresspiegel erhebende Geest (das Diluvium), so sehen wir, wie zwei Ericeen (Calluna vulgaris und Erica tetralix) sowohl des trockensten als des feuchtesten Bodens wucherhaft sich bemächtigen und die Hauptsache der ganzen Vegetationen ausmachen. Nur wo der Sand allzudürr und lose ist, weichen sie den Hungergräsern, Flechten und Moosen. Diese Ericeen haben die Eigenschaft durch ihre Nadeln viel Harz auszusondern und in Verbindung mit den vermoderten Wurzeln und Stammtheilen eine dichte Bodendecke zu bilden, die allmählich sich so anhäuft, daß der Boden seine Durchdringlichkeit für die atmosphärischen Niederschläge und natürlichen Quellen verliert. Wenn nun obendrein Sanddünen den Abfluß des Wassers nach den Flüssen und dem Meere hemmen, so entstehen Versumpfungen, welche das Wachsthum der Sumpfpflanzen (Bültgräser, Wollgrasarten) befördern, durch deren Absterben und Vermoderung die organische Bodendecke immermehr bereichert wird. Dieses ist der erste Entwicklungsgrad des Hochmoores, und wir bezeichnen einen Boden von solcher Beschaffenheit als anmoorig.

In den Niederungen der Heidegegenden kommt dieser Boden mit einer mehr oder weniger bedeutenden Beimengung von Moorerde an vielen Stellen partienweise vor. Kann die nöthige Abwässerung gewährt werden, so ist dieser Boden sehr anbauwürdig.

Der anmoorige Boden verlangt durch seinen reichlichen Gehalt von Humuskohle und Humussäure eine gründliche Zersetzung. Diese ist nur durch eine möglichst vollkommene Vermischung der Moorschicht mit der mineralischen Erde zu erzielen.

Nach stattgehabter Abwässerung bestehen die weiteren Vorarbeiten darin, daß zunächst die sich stets vorfindenden vielen Hügelchen (Bulten) abgehauen, zerkleinert und auseinandergeworfen werden. Hierauf wird die Moorerde allmählich durch immer tieferes Pflügen mit dem Sande möglichst vollständig vermischt. Sobald aber die Moorschicht so mächtig ist, daß der Pflug den Untergrund nicht heben kann, so muß erst aus Seitengräben der Sand gewonnen und über die Culturfläche geworfen werden, alsdann entweder der Pflug möglichst tief die Vermischung bewirken, oder die Uebersandung so stark bemessen sein, daß darin die Wurzeln gehörig Boden fassen können. Ist die Moordecke dicht und kräftig, so mag eine Sandschicht von 15 cm Dicke entsprechen, während bei zunehmender Magerkeit die Auffüllung stärker sein und mindestens eine Dicke von 30 cm erreichen muß.

Die ein- oder zweimalige Brandcultur als Vorbereitung des rohen Bodens vermindert die Culturkosten und kann nicht schaden, ist sogar bei zunehmender Mächtigkeit der Moorschicht nothwendig.

Ist der Boden nicht ganz arm, so wird, da derselbe in seiner Vermischung auch in den trockensten Sommern genügende Feuchtigkeit zu halten vermag, die Fichte (auf kräftigen Partien die Tanne) als herrschende Holzart betrachtet werden können, welcher je nach der Bodengüte die Buche und Eiche, oder die Eiche und Kiefer, oder nur die Kiefer zu zugesellen sind. Bei zunehmender Armuth kommt die Kiefer zur Herrschaft und wird dieser die Fichte begemischt werden müssen.

Der Hochmoorboden.

Ein humusreicher Boden, fortwährend der Nässe ausgesetzt, verwandelt sich bald in ein unfruchtbares Erdreich, indem der Boden erkaltet und vom Wasser alle pflanzenernährenden Stoffe ausgelaugt werden. Auf den zerstörten Pflanzenresten breiten sich dann zuerst Torfmoose, später mehr vollkommenere Wasserpflanzen aus. Während diese fortwährend unten absterben und vermodern, setzen sie oben ihr Wachsthum unablässig fort, bis zu einer Höhe, wo die nöthige Feuchtigkeit mangelt. Wenn die Ueberreste dieser Pflanzen, die wegen des vorhandenen Wassers und wegen der fäulnißwidrigen Eigenschaft der Humussäure nicht völlig verwesen konnten, sich in vielen Jahren angehäuft haben, und wenn die Decke des Moores durch Ansiedelung von Laubmoosen dichter und filziger geworden ist, so stellen sich die genannten zwei Ericeen und andere Pflanzen, welche feuchten Moorgrund und sauren Humus lieben, ein. So lange der Boden durch solches Aufwachsen sich erhöht, dehnt sich das Moor auch immer weiter an seinen Rändern in die Breite aus. Der ursprüngliche Pflanzenwuchs stirbt hier in Folge der zunehmenden Versumpfung allmählich gleichfalls ab und macht dem wuchernden Mooswuchse Platz. In dieser Verlaufszeit wird das Erdreich, dessen Gebiet zugleich in der Mitte höher als an den Rändern aufgewachsen ist, Hochmoor genannt. — Die Torfmoose und die Heiden sind durch ihr geselliges Wachsthum auf dem Hochmoore vorzugsweise die herrschenden Pflanzen. Das Torfmoos bekleidet die schwammigen und feuchteren Strecken, die Heide dagegen die hervorragenderen, verhältnißmäßig festeren und trockneren Theile (Bulten).

Die Hochmoore entstehen also auf Geestboden, wenn der Wasserabfluß durch vorliegende Dünen oder durch andere Hemmnisse[1]) erschwert wird, durch das Aufeinander-

[1]) Eine Senkung oder muldenförmige Lage des Bodens ist nicht

wachsen von Pflanzen welche nach und nach absterben. Unter Einwirkung von Humussäure bilden nun diese Pflanzenreste jenen eigenthümlichen braunen brennbaren, filzigen oder schwammigen Stoff, den Torf[1]).

Das Hochmoor hat sich nicht nur auf Heideboden, sondern auch auf kräftigem Waldboden gebildet, wie die in den tieferen Moorschichten sich findenden zahlreichen Ueberreste von edlen Waldbäumen beweisen. Selbst Brüche sind in Hochmoore übergegangen, wo der Boden so hoch aufgewachsen war, daß das Gelände nicht mehr überschwemmt wurde. Hier verlor sich dann das Wachsthum der Gräser und ging in das der Torfmoose und Heiden über.

Für die Cultur der Hochmoore sind einige Merkmale beachtungswerth. Das Torfmoos bildet ein unfruchtbares Erdreich, und wo dasselbe die obere jüngste Schicht ausschließlich einnimmt, da findet der Anbau keine gedeihliche Stätte. Die Heide festigt und kräftigt den Moorboden und bildet namentlich in der Oberfläche eine erdige Schicht (Scholl- oder Bunkerde), die um so nahrhafter wird, je mächtiger dieselbe ist. Wo der Abfluß ganz gehemmt war, entstanden Seen,[2]) in denen sich Sinkstoffe ablagerten und ein Erdreich bildete, welches in seinem lockeren krümeligen Zusammenhange Aehnlichkeit mit dem Bruchboden hat und anbauwürdig ist. Noch geeigneter als dieses ist aber das auf Bruch erwachsene Hochmoor, dessen Heideschicht (Hochmoordecke) gering ist. Diese Merkmale können in einem Moore unter so mancherlei Uebergängen vorkommen, daß die Beschaffenheit, bezw. Culturfähigkeit des Bodens in der verschiedensten Weise abwechselt. Eine genaue Untersuchung desselben muß daher der Cultur vorangehen[3]).

---

immer Erforderniß. Wir haben sogar an Bergabhängen Moorbildungen beobachtet, z. B. am Rehkopf, Oberförsterei Lützelstein-Süd.

[1]) Wir verweisen auf eine lehrreiche kleine Schrift von Grisebach: „Die Bildung des Torfes in den Emsmooren ꝛc.“ Göttingen 1846.

[2]) Die großen norddeutschen Hochmoore hatten einen wahren Reichthum von Seen; in dem 10-jährigen Zeitraume unserer Wirksamkeit in Ostfriesland sahen wir durch die zunehmende Abwässernng eine große Anzahl derselben verschwinden.

[3]) Der Holzanbau auf Mooren hat langjährige Verhand-

Die Aufforstung wird in neuerer Zeit mehrseitig als das einzig wirksame Mittel zur Hebung der Hochmoordistricte bezeichnet, ja man spricht sogar von Eichenschäl-

---

lungen zwischen dem Forstdirektor Dr. Burckhardt und dem Verfasser herbeigeführt. Einzelne Briefe des B. sind von Interesse und folgen. B. schreibt unterm 6. III. 67:

„Bei einer neuen Auflage von „Säen und Pflanzen" komme ich an das Capitel der Moorcultur. Der Oberförster Brünings, welcher mit Bremen'schen Mooren zu thun hat, dort auch Holzculturen ausführt und sich für Holzanbau auf Mooren interessirt, hat mir beikommendes Exposee zur Benutzung mitgetheilt."

„Auch Sie sind ein Moorkundiger, deshalb ersuche ich Sie, die Anlage zu prüfen, und mir Ihre Meinung und etwaigen Ausstellungen in kurzer Fassung mitzutheilen oder den Passus gleich selbst zu formuliren, wie es Ihnen eben paßt."

„Nachdem ich eine Reihe von guten Beständen (besonders Fichten) auf Moor mit starker Torfunterlage besichtigt, den Eichenwuchs auf Colonaten und die Holzlager im Torfboden, z. Theil über starken Schichten gesehen habe (Amt Hümmling sehr interessant), muß ich es doch auch für möglich halten, durch gute Entwässerung und Brenncultur auf Hochmooren Holz zu erziehen. Vielleicht macht die Beschaffenheit des Moores einen Unterschied dabei (in wie fern?)"

Unterm 1. VI. 67:

„Hier sende ich Ihnen nochmals die „Moorcultur." Ich theile Ihre Ansicht, daß Brünings in seinem Vertrauen auf Hochmoors-Culturen zu sanguinisch ist, und bin nicht gewillet, zu großen derartigen Culturen, welche noch hypothetisch sind, irgend anzuregen, wenn ich auch zu Versuchen gern die Hand biete und in einzelnen Fällen die Möglichkeit des Gelingens nicht absprechen mag. Indem Sie den vorsichtigen Weg einschlagen, stehe ich mehr auf Ihrer Seite."

„Je lieber ich mich in allen solchen Dingen auf den Boden der Thatsachen und Erfahrungen stelle, desto näher liegt für mich der Wunsch, daß Sie die Güte haben möchten, das Capitel der Moorcultur in schlichter allgemein verständlicher Weise und ohne Weitschweifigkeit zu redigiren."

„Haben Sie also die Güte: zunächst die beiden Artikel „Entwässerung und Brandcultur auf Mooren" (besonders des Flachlandes) durch Ihre Feder laufen zu lassen und das anliegende Material dabei zu berücksichtigen (für Entwässerung im Allgemeinen folgt ein besonderer Artikel, auch walds-Anlangen [1]), und erwartet davon glänzende finanzielle Resultate. Wir haben verschiedene befriedigende ältere Beforstungen auf mächtigem Hochmoore gesehen; allein im Großen und Ganzen sind uns so mancherlei, zum Theil unüberwindliche Hindernisse aufgefallen, daß ein allmähliches und bedächtiges Vorgehen nur da uns zweckmäßig erscheint, wo Beschaffenheit und Lage der Moore es gestatten.

Für die Holzzucht auf diesem Boden kommt zunächst in Frage, ob mineralische Erde ohne unverhältnißmäßig hohe Kosten aus dem Untergrunde zu gewinnen steht. Bejahenden Falls erleichtert die Dammcultur in beschriebener Weise den forstlichen Anbau. Je mooshaltiger und ärmer die obere Moorschicht, oder je geringer die Schollerde ist, desto stärker muß die Uebersandung und desto

---

habe ich wegen der Entwässerung im Erzgebirge um Notizen gebeten). Zunächst lesen Sie wohl, was ich über Entwässerung im Allgemeinen geschrieben habe; Verbesserungen hieran sind mir erwünscht. Besonders aber sähe ich gern, wenn Sie die Entwässerung und Brandcultur in der einfachen und, wie ich hoffe, klaren Sprache des Buches vollständig redigiren, als sollte es so abgedruckt werden. Ich werde Ihr Manuscript (da Sie klar schreiben) ohne Weiteres einschieben können. Ob Sie den von mir gemachten Anfang benutzen können, steht bei Inen; ich gebe es ganz in Ihre Hände. Nur möchte ich darauf aufmerksam machen, daß nicht gleichlautende Sätze aus Ihrem Moorbuche aufgenommen werden, sonst würde man mich als Abschreiber schelten, Ihr Buch aber wird citirt."

„Den Entwässerungsartikel hat Forstmeister Kraft zusammengestellt. Finden Sie zu Verbesserungen bezw. Einschiebungen Anlaß, so sind mir solche sehr willkommen. Sie sehen, ich suche das Gute, wo es zu finden ist, um damit zu nützen."

Unterm 2. VIII 67: „Nachdem ich fast 4 Wochen in der Schweiz und dem Schwarzwalde verweilt habe, bin ich ehegestern heimgekehrt. Inzwischen haben Sie das Capitel von der Moorcultur beendigt und bezw. nochmal überarbeitet. Ich danke Ihnen dafür, und werde ich wahrscheinlich Alles so lassen können, wie Sie es gemacht haben. Die Correcturbogen werde ich Ihnen demnächst zusenden."

[1]) Die Moorversuchsstation in Bremen hat kürzlich vergleichende Untersuchungen von Eichenlohe, die auf Moor- und auf Sandboden gewachsen war, angestellt und in der Moorlohe einen größeren Gerbstoffgehalt als in der Sand- oder Geestlohe gefunden.

inniger die Vermischung des Sandes mit der Moorerde sein. Gewöhnlich wird eine 15—30 cm hohe Sandschicht genügen. Im Uebrigen kommen dieselben Maßregeln in Anwendnng, welche bei der Cultur des anmoorigen Bodens hervorgehoben sind.

Bei zu großer Mächtigkeit des Moores beschränkt sich die Aufschließung des Bodens auf die Brandcultur in Verbindung mit der Entwässerung. Hierdurch wird der Hochmoorboden theils in seinen natürlichen Eigenschaften günstig umgewandelt, theils in seinen chemischen Bestandtheilen verbessert. Es ist dieser Boden von Natur so locker, daß er den Wurzeln keinen Halt gibt, daß die Hölzer kümmerlich mehr auf dem Boden sitzen, als in ihm wurzeln. Durch das Entwässern und Brennen setzt sich der Boden und erhält mehr Zusammenhang, er leidet deßhalb nicht so leicht durch die Dürre, nimmt die Gase und die feuchten Niederschläge der Luft leichter an, saugt sich aber nicht so sehr voll Wasser und friert im Winter weniger auf. Alle Stoffe, welche zur Ernährung der Holzgewächse nothwendig sind, enthält der Boden mehr oder weniger, aber in ungenießbaren Verbindungen. Die Brandcultur ist auch hierin dienlich und veranlaßt, daß ein großer Theil der Humussäuren verbrennt, der an dieselben gebundene Kalk frei wird und theils als Aetzkalk, theils als kohlensaure Kalkerde zur weiteren Entsäuerung dient, daß ferner das schädliche Eisenoxydul zu dem unschuldigen Eisenoxyd verbrennt, daß auch der in pflanzlicher Verbindung vorhandene Schwefel in Schwefelsäure umgewandelt wird, daß endlich Phosphorsäure, Alkalien ꝛc. neue Verbindungen eingehen. Es wird somit zwar eine fruchtbare Erdkrume geschaffen, allein wir haben gesehen, daß gewöhnlich die kräftigen Bestandtheile nur in der Schollerde enthalten sind und daß mit der Abnahme dieser der unfruchtbare Moostorf auftritt. Ist daher die Schollerde sehr mächtig, so kann auf diesem Wege die Holzcultur vortheilhaft sein, zumal bei Anlage der Dämme durch den Grabenauswurf die Schollerde vermehrt und damit der Boden gekräftigt wird; im anderen Falle wird man wenig Seide dabei spinnen.

Soll auf den unabsehbaren Hochmooren Norddeutschlands die Holzcultur eine große Ausdehnung finden, so sind Vorbereitungen nöthig. Die sonst verächtliche, aber genügsame Heide ist zunächst das Kraut, welches uns hier besonders dienlich sein muß. Wir haben schon bemerkt, daß die Heide durch die Entwässerung des Moores gewaltig wuchert und die Schollerde bereichert. Damit die Entwässerungskosten gedeckt werden, gebe man die in regelmäßige Schläge getheilten Flächen auf 2 Jahre in Brandcultur; lasse hierauf dem Boden eine 30jährige Ruhe, sorge jedoch während dieser Zeit für gehörige Instanderhaltung der Entwässerungsanstalten; nach Ablauf dieser Zeit untersuche man die Schollerde, und wenn diese noch nicht reichhaltig genug ist, so wiederhole man die Brandcultur und die nachfolgende 30jährige Brache. Wir sind überzeugt, daß auf diese Weise nach Verlauf von 60 Jahren die Holzcultur sich lohnt, vorausgesetzt, daß alsdann die Verheidung verhindert wird. Wenn übrigens ein Krüppelwuchs nicht abschreckt, so kann durch sofortige Holzcultur (mit Kiefer, Birke, auch wol Eiche) in noch reichlicherem Maße der Boden gekräftigt werden.

Man lege die Dämme 5 m breit. Die Breite und Tiefe der Seitengräben muß sich nach den Verhältnissen richten.

Auf dem besandeten Moorboden ist die Fichte als herrschende Holzart zu betrachten, welcher Eiche und Kiefer zugesellt werden können.

Auf dem unbesandeten Moorboden muß zunächst die Kiefer herrschend sein, der die Fichte, auch in geringer Menge (mehr versuchsweise) die Eiche beizumischen sind.

Seit dem Jahre 1866 sind auf dem Augustendorfer Moore im Bremenschen Versuche forstlichen Anbaus gemacht[1]). Dasselbe hat eine Mächtigkeit von 5—8 m, ist stellenweise in der obersten, der Schollerde folgenden losen Schicht schwarz gefärbt und zeigt hier in ihrem lockern krümeligen Zusammenhange mehr Aehnlichkeit mit Bruchboden. Dem forstlichen Anbau geht ein 6jähriger Brandfruchtbau voraus. Die Pächter zahlen pro ha und Jahr 16 ℳ, für 6 Jahre mithin 96 ℳ Pacht, woneben sie die innere Entwässerung ausführen, diejenige im weitern Rahmen zu unterhalten haben. Das Moor enthält 1118,9 ha. Es

[1]) Burckhardt: „Aus dem Walde." IX, S. 106.

wurde, bezw. wird aufgeforstet mit einem Kostenaufwande von 68 304 ℳ; die dem Anbau vorhergehende Pacht für Brandfruchtbau erbrachte, bezw. erbringt 102 456 ℳ; es werden mithin 1118,9 ha Forst gewonnen, während der Staat die Summe von 34 152 ℳ baar zuerhält. Der forstliche Anbau folgt dem landwirthschaftlichen auf dem Fuße, indem man zuerst die 30 cm breiten und tiefen Zwischengräben auf 90 cm Breite und Tiefe erweitert und die vorher 9,8 m breiten Ackerstücke durch einen gleichfalls 90 cm breiten und tiefen Graben in zwei Stücke theilt, den Auswurf aber auf die Culturfläche wirft, sodann Eiche durch Saat, Fichte, Kiefer und Lärche durch Pflanzung anbaut. Diese Holzarten versprechen vorläufig ein gutes Gedeihen [1]).

---

[1]) Burckhardt schreibt dem Verfasser unterm 30. V. 68: „Die Forstcultur auf Moor muß man, wie ich glaube, weniger forciren, aber auch nicht unverfolgt lassen. Langsame, aber gründliche Entwässerung, Verdichtung des Moores, Zeit zur Bildung guter Decke und Auflösung zu besserem Humus 2c. scheint mir die Hauptsache zu sein. Auf den alten halb abgestochenen Moorflächen bei Augustendorf sieht man Eiche, Kiefer, Fichte und Birke 2c, selbst Obstbäume wachsen. Dabei ist der Oberboden auffallend hellfarbig und moostorfig, und die Leute haben lange gebrannt. Aber das Moor ist dicht geworden, die Gräben sind aufgeräumt 2c."

Derselbe unterm 3. VI. 77: „Auf dem Ihnen bekannten Augustendorfer Moore, das vom Oberförster Brünings zu Kuhstadt angebaut wird, ist auch die Eiche cultivirt. Die strangförmig enorm lange Pfahlwurzel geht aber 3—4 mal tiefer in den Boden, als der Stengel hoch wächst. Es ist eine sehr abnorme Bildung. Die Kiefer und andere Holzarten streichen ohne Pfahl- oder Herzwurzel in der — übrigens fünf- bis sechsmal gebrannten — Schollerde weg, erheben sich doch aber normaler, Fichte streicht natürlich vollends. Nun entsteht die Frage, was mit der Eiche zu machen ist? Der Gedanke liegt nahe: sie auf die Wurzel zu setzen und Schälwald zu erziehen. Ich meine, Sie hätten in Ihrem Moorbuche irgendwo angeführt, man finde in Holland auf Torfmoorboden befriedigenden Eichen-Schälwald. Wäre dem so, dann möchte ich Sie um Angabe des Orts, wo sich dergleichen findet, bitten; ich würde es nicht scheuen, hinzureisen, um das Vorkommen zu beobachten. Für den Fall bezeichnen Sie mir wohl die Reiseroute."

„Etwa um das Jahr 1865 oder 1866 wurde Oberförster

Ob man aber im Augustdorfer Moore, wie überhaupt im Hochmoore Eichenschälwald mit günstigem Erfolge anlegen kann, bezweifeln wir sehr. Dazu gehört eine Bodenkraft, welche das Hochmoor erst nach langer Cultur zu erlangen vermag. Bei unseren vielseitigen Beobachtungen haben wir nirgend eine Spur davon bemerkt. Dagegen spricht auch die sehr abnorme Wurzelbildung, welche die Eiche im Augustendorfer Moore erreicht; obschon eben dieser Umstand Veranlassung gegeben hat, die Eiche auf die Wurzel zu setzen und Schäldwald zu erziehen. Ob dieses nachhaltig von Erfolg sein wird, muß die Zukunft lehren, wie überhaupt jene jungen Culturen jetzt noch keine Beurtheilung zulassen.

Ebenso will man jetzt das Holzerburger Moor bei Bederkesa im Bremenschen in forstlichen Anbau nehmen.

Gerdes nach Holland hingeschickt, um nach Schälwald auf Moorboden zu suchen und Rapport zu erstatten. Er hat aber nirgends Eichenschälwald auf eigentlichen Moorboden, am wenigsten auf Torfmoor gefunden, höchstens in anmoorigem Boden, öfter aber auf Geestboden mit Beeten, um aus den Gräben zu übererden.

„Was Gerdes in Ostfriesland derartiges gemacht hat, namentlich Eichenpflanzungen auf Torfmoorboden ist — auch abgeschnitten zum Wiederausschlage — nicht gerathen, sondern so gut wie todt gegangen. Bei flacher Moorschicht und auf Leegmoor (Schoo ꝛc.) ist Besseres von der Eiche erfolgt."

„Danach wäre für das Augustendorfer Moor nicht viel zu erwarten. Vielleicht stehen Ihnen tröstlichere Beobachtungen von wirklichem Torfmoor zur Seite. Sie würden mich zu Dank verpflichten, wenn Sie mir baldgefällige Mittheilungen in dieser Eichen-Angelegenheit geben wollten."

„Das Holzerburger Moor, welches mit Kanälen durchschnitten, will man auch schon jetzt mit Holz bebauen. Wenn das nur nicht zu früh ist?" —

„Uebrigens habe ich mit jenen Gegenden nichts mehr zu thun; die Sache interessirt mich nur vom wissenschaftlichen Standpunkte, und da Sie ein Moorkenner sind, so hätte ich gern eine Aeußerung von Ihnen, die ich mit Ihrer Erlaubniß eintretenden Falles gern mit anführen möchte. Der übrige Holzanbau zu Augustenburg soll sich befriedigend anlassen, so daß jetzt in gleicher Weise durch Brünings Anregung möglichst viel gebuchweiztes Moor mit Holz bestellt werden soll".

Dieses ist ein auf Bruch erwachsenes Hochmoore, wird auch mit Kleischichten durchzogen, und wir versprechen uns daher hier von der Forstcultur noch einen besseren Erfolg als dort.

Ein werthvoller Boden ist schließlich noch der abgetorfte Hochmoorgrund (Leegmoor), welcher auf die Weise entsteht, daß bei der Torfgräberei die obere, etwa 1 m starke Bodenschicht (Scholl- oder Bunkerde) in den enttorften Raum zurückgeworfen, geschlichtet und mit Sand vermischt wird. In dem Untergrunde, wenn er auch nur aus Sand besteht, sind immer einige Basen und Salze abgelagert, welche zu den mineralischen Pflanzennahrungsstoffen gehören. Die Schollerde enthält neben den mineralischen Bestandtheilen eine bedeutende Menge von Humussäuren. Die Verbindung des Sandes mit der Schollerde gibt daher einen Boden, welcher zur Hervorbringung edler Holzpflanzen geeignet ist. Derselbe eignet sich aber, seiner Fruchtbarkeit wegen, mehr zur Acker- als zur Holzcultur, und wird deßhalb in letzterer Beziehung weniger in Frage kommen. Wenn sich gleichwol dazu Gelegenheit bieten sollte, so leistet er Vorzügliches. Wir finden darauf Tanne, Fichte, Buche und Eiche in der schönsten Ueppigkeit. In Holland auf den Fehnen (Veenen d. h. Torfländereien) sind Eichenschälwaldungen anlegt, deren Erträge allerdings nicht völlig denen des fruchtbaren Fehnackers gleichkommen, immerhin erheblich sind. Während neuerer Zeit hier und dort durch die größere Ergiebigkeit des Ackerbaues der Eichenschälwald zurückgedrängt ist, gewinnt derselbe an anderen Orten, z. B. bei Arnheim in Holland [1]) in der gelungensten Weise an Ausdehnung. Die dortigen Eichenschälwälder werden zwar meist sehr kostspielig (durch die Dammcultur) angelegt, lassen aber doch eine gewisse Nachahmung zu.

Auch im Gebiete der Ems-Canäle sind Forstversuchsanlagen beschlossen und vorbereitet, und im Zusammenhange damit Eichenschälwälder nach dem Vorbilde Hollands in's Auge gefaßt.

Die zunächst nothwendige Culturmaßregel ist die **Abwässerung**, welche jeder anderen vorangehen muß, welche aber nicht als völlige Trockenlegung, sondern nur

[1]) Jahresbericht der Handelskammer in Siegen von 1877.

als Abführung des wirklich überflüssigen und schädlichen Wassers zu betrachten ist.

In den Flußniederungen setzt nicht selten die Wasserstandshöhe der Flüsse und Bäche Schranken, während das hügelige Flachland meistens eine genügende Abwässerung erhalten kann.

Wenn eine Fläche abgewässert werden soll, so muß, um in aller Weise die erforderliche Gewißheit zu erhalten, eine genaue Ortsuntersuchung vorgenommen werden. Zur Erlangung eines Gesammtüberblicks über das Ganze und das Einzelne ist alsdann die abzuwässernde Fläche — mit den Fluß- und Bachläufen der Umgebung — geometrisch aufzunehmen, zu kartiren, sowie die Höhe des Bodens und des Wasserstandes abzuwägen und die Ergebnisse in die Karte einzutragen.

Nach festgestelltem Haupt- und Nebengefälle läßt sich der Abwässerungsplan entwerfen. Zunächst ist dem Hauptabwässerungszuge eine zweckmäßige Richtung zu geben. Diese wird gewöhnlich dahin gehen, wohin die abzuwässernde Fläche die größte Neigung hat, und derjenige Punkt, welcher an der Grenze derselben der tiefste ist, wird der Ausgangspunkt werden. Meistens finden sich alte, von der Natur gebildete Wasserzüge vor, welche die besten Wegweiser sind. Entscheidend ist dabei der Fluß oder Bach, in welchem der Hauptentwässerungsgraben einmünden muß. So viel als möglich wähle man die geradeste Richtung, weil diese die kürzeste ist, also weniger Land und Arbeit erfordert, und viel weniger Beschädigungen der Ufer zu befürchten sind, je gleichförmiger sich das Wasser bewegt.

Ferner muß man zur Bestimmung der Breite und Tiefe des Hauptabwässerungsgrabens die abfließende Wassermenge sowohl in trockener Jahreszeit, als nach starken Regengüssen oder Schneeabgängen zu ermitteln suchen.

Endlich ist die Untersuchung der Beschaffenheit des Bodens, namentlich in Rücksicht auf dessen Schichtung, Bestandtheile, Grundwasserstand, Wassereinsaugungsfähigkeit ꝛc. ꝛc., nothwendig, da hierdurch wesentlich die Art der Anfertigung der Wasserzüge, wie der ganze Abwässerungsplan bedingt wird.

Die richtige Anordnung der Wasserzüge ist von der größten Wichtigkeit.

Bei Abwässerungen muß man von vornherein darauf bedacht sein, der Versumpfung gründlich und dauernd entgegenzutreten, den Culturflächen nicht zu sehr die ihnen nothwendige Bodenfeuchtigkeit zu entziehen, oder aber ihnen dieselbe durch Wasseranstauungswerke in gewissen Zeiten zu erhalten. Bei sandigem Untergrunde kann die zu starke Versenkung des Grundwassers mitunter sehr nachtheilig sein. Ueberhaupt erreichen die Pflanzen im Sommer, wenn das Wasser abgezogen ist und der Regen längere Zeit ausbleibt, nicht den Grad der Ausbildung, den sie bei einer entsprechenden Bodenfeuchtigkeit erlangt haben würden.

Wie schon erwähnt, wird der Waldwuchs gedeihlich sein, wenn das Gelände etwa 1—1,50 m über den Stand des Grundwassers sich erhebt, obschon einzelne Waldbäume mit ihren Wurzeln tiefer dringen. Allein weiche Bodenarten, besonders der schwammartige Hochmoorboden, haben eine so übermäßige Haarröhrchenkraft, daß mit dem bezeichneten Wasserstandsverhältniß die Entwässerung und die Durchlüftung des Bodens nicht völlig erlangt werden kann. Nach unseren Erfahrungen hat sich für die Cultur der Hochmoore stets als günstig erwiesen, daß das Wasser in den **Haupt**abzügen nicht in dem Moore selbst steht, sondern etwa mit dem Stande des festen Untergrundes zusammenfällt. Bei tiefen Hochmooren ist das Auswerfen des Wasserzuges aus dem Sande allerdings lästig, allein für die Cultur um so nützlicher, je schwammartiger das Moor ist. Wenn nun auch durch die starke Haarröhrchenkraft ein Austrocknen der oberen Moorschichten nicht leicht einzutreten pflegt, so ist es doch für anhaltend trockene Sommerzeit angebracht, durch Stauanlagen nöthigenfalls den Wasserstand heben zu können. Bei Bruchboden ist diese Vorsichtsmaßregel meistens nothwendig, da dieser leicht und schnell austrocknet.

In den tiefsten Stellen des Längengefälls wird der Hauptabwässerungsgraben angelegt, und mit dem Seitengefälle werden die Nebengräben in möglichst spitzem Winkel in den Hauptgraben eingeleitet.

Das innere Grabennetz wird thunlichst regelmäßig angelegt, und wenn dadurch Quellen und sonstige Verwässerungen nicht getroffen werden, so pflegt man zum Abfangen bzw. Ableiten dieser besondere Nebengräben zu ziehen.

Je nachdem die abzuwässernde Fläche sich in die Breite ausdehnt, namentlich wenn das Seitengefälle von der Mitte nach beiden Seiten geht, können mehrere Abwässerungszüge gleichlaufend dem Hauptabwässerungszuge angelegt werden, welche in diesen einmünden; alsdann sind zuweilen keine weiteren Nebengräben nothwendig, sofern erstere nahe genug an einander zu liegen kommen, und nicht das Wasser besonderer Verwässernngen in sie eingeleitet werden muß.

Die Dichtheit des Grabennetzes richtet sich nach der Menge des abzuführenden Wassers und der Beschaffenheit des Bodens.

Im Moorlande, namentlich im Hochmoore, in dem das Grabennetz nicht dicht genug sein kann, werden noch Fanggräben nothwendig, welche nach Länge und Breite die einzelnen Felder dergestalt begrenzen, daß dadurch ein zweckmäßiger Betrieb erreicht wird.

Die Tiefe eines Grabens wird bedingt durch die Höhe des Bodens und die Wassermenge, welche der Graben fassen soll.

Je nach der Beschaffenheit des Bodens erfolgt aber mehr oder weniger leicht ein Seitendruck der Erde und ein Auswaschen der Grabenwände. Es ist deßhalb nöthig, die Ufer der Gräben schräg abzudachen, so daß also diese Abdachung oder Böschung mit der Sohle, d. h. dem Boden des Grabens, einen stumpfen Winkel bildet. Dies ist aber nicht nur bei sandigen Ufern nöthig, sondern auch bei Thon- und Lehmgrund. Obgleich letztere Erdarten anfänglich beim Ausgraben lothrecht stehen bleiben, so bersten doch, wenn die Luft die natürliche Feuchtigkeit des Thons und Lehms ausgesogen hat, die Ufer und die Erde theilt sich in Stücke und stürzt herab.

Bei nicht sehr tiefen Gräben, die im Moore angelegt werden, lassen sich die Grabenwände, zumal wenn das Moor ein recht filziges Gewebe besitzt und durch den Graben selbst ziemlich vollständig ausgetrocknet wird, meistens bei der ersten Anlage lothrecht ausführen, und in Hinsicht auf die Nutzbarmachung des Torfes ist dieses sehr praktisch. Mit der Zeit aber bilden sich Risse in den Seitenwänden und es rutschen größere Massen in die Gräben hinein. Da hauptsächlich durch die Abtrocknung das Moor fester und überhaupt dessen Zusammenhang sehr erhöht wird, so sucht man die Abtrocknung durch Anlage kleiner. rechtwinklig auf den Hauptgraben stehenden Seitengräben, wodurch möglichst alle Quellen abgefangen werden, auf das vollkommenste herbeizuführen. Tiefere Hauptgräben stelle man nicht auf einmal in der erforderlichen Breite und Tiefe her, sondern werfe dieselben — um stufenweise eine größere Festigkeit des Moores durch Abtrocknung zu erzeugen — mit der zunehmenden Haltbarkeit des Moores nach und nach in voller Ausdehnung heraus.

Im Allgemeinen wird man wohlthun, eine Böschung im Moor- und dichten Boden von 15—30 cm bzw. %, im lockeren Boden von 45 cm. und wenn man gar große verheerende Wassermassen zu befürchten hat, 60—90 cm zu geben.

Wenn nicht Ortsverhältnisse, namentlich die Höhe des Bodens eine Abweichung nöthig machen, so wird die Sohle der Gräben ebenso breit genommen, als die Tiefe beträgt, welche die Gräben erhalten sollen. Aus der Tiefe, Böschung und Sohlenbreite läßt sich alsdann die obere Breite der Gräben berechnen.

Es wird jederzeit angebracht sein, die Gräben etwas größer als nöthig zu machen, damit außergewöhnliche Wassermassen von ihnen aufgenommen werden können. Ferner müssen sie nach ihrem Ausflusse hin an Weite allmählich zunehmen, nach Maßgabe des nach und nach zunehmenden Wassers.

Die Gräben erfordern ein möglichst gleichmäßiges Gefälle.

Je größer die abzuführende Wassermasse ist, desto stärker entwickelt sich der Wasserdrang und um so schwächer muß das Gefälle namentlich im bindungslosen Boden sein, wenn nicht durch die Geschwindigkeit des Wassers die Sohle und die Ufer in Gefahr gerathen sollen. Ist das natürliche Gefälle stark und durch eine gleichmäßige Vertheilung desselben Letzteres zu befürchten, so muß der Graben von Strecke zu Strecke gebrochen werden, d. h. man führt ihn zur Bildung kleiner, gehörig zu schützender Wasserfälle, je nach der Größe der Entfernung, entweder wagrecht oder mit geringem Gefälle fort. Diese Verhältnisse kommen jedoch im Flachlande selten vor.

Gewöhnlich mag wol in einer weit ausgedehnten flachen Gegend, wenn die Umstände es gebieten, ein Gefälle von 7000 : 1 entsprechen. Als ein nie zu starkes Gefälle hat sich das von 2000 : 1 herausgestellt; es darf aber unter Umständen, namentlich bei kleineren Gräben, auch noch ein etwas stärkeres gegeben werden, ohne ein Einreißen der Sohle und der Ufer gewärtigen zu müssen.[1])

Den Nebengräben gibt man meistens ein so geringes Gefälle, daß man für Zeiten der Trockniß das Wasser in denselben durch Stauwerke 2c. 2c. halten kann. Man lege sie so an, daß sie in nassen Zeiten, namentlich im Frühjahr, Herbst und Winter das Wasser bis zu einer angemessenen Tiefe völlig ableiten, während man in trockenen Sommern das Wasser aus dem Hauptgraben in sie hineinstauen kann, wodurch eine dem Boden, namentlich dem Sandboden, sehr zuträgliche Befeuchtung bewirkt wird.

Der Moorboden bedingt häufig als Vorbereitung

Die Brandcultur.

Diese verächtliche Cultur müssen wir um so mehr beschreiben, da sie im wilden Moore zur Reinigung, Ebnung und Lockerung des Bodens entschieden geboten und so einträglich ist, daß sie mehr oder weniger die Kosten der Aufforstung deckt.

Nach vorangegangener Trockenlegung werden 10 m breite Aecker in 30 cm breite und tiefe Gräben geschlossen. Hierauf schreitet man im Herbst und Winter zum Umhacken der Schollerde bzw. Bulten, welches mit einer

---

[1]) In den Heiden Jütlands wird durch die dänische Heidegesellschaft darauf gesehen, daß die Schnelligkeit des Wassers in den Canälen überall 1¼ Fuß in der Secunde beträgt, und daß der Fall zwischen 1 : 3000 und 1 : 10000 variirt, je nachdem namentlich die Tiefe des Wassers größer oder geringer ist.

langen, spitz zulaufenden und etwas krumm gebogenen Hacke geschieht. Nachdem den Winter über die Schollen gehörig durchgefroren sind, wird im Frühjahr, wenn es zu trocknen beginnt, das Moorland auf's Neue durchgearbeitet, indem man größere Schollen mehr verkleinert, niedrige Stellen mehr ebnet, und das Moorland so auflockert, daß es gut durchtrocknen kann. Hierbei suchen die Arbeiter sich soviel als möglich mitten auf dem Acker zu halten, um die Erde von den Seiten her nach der Mitte hinzuziehen und den Acker etwas zu wölben.

Bei trockener Witterung wird dann nach etwa 10 bis 14 Tagen mit einer leichten Handegge das Moorland lockerer und zum Durchtrocknen bequemer gemacht, und dieses Eggen so lange wiederholt, bis die Oberfläche vollkommen trocken und zum Brennen geeignet ist.

Damit die ganze Oberfläche in Brand gesetzt wird macht man auf jedem Acker in 10 m Entfernung kleine Haufen von recht trockener Moorerde, zündet davon zuerst die Haufen von der Seite, welche vom Winde abwärts liegt, an und streut hierauf mit einer alten Pfanne oder Schaufel, dem Winde entgegenschreitend, die brennende Erde weiter um sich aus. Sodann zündet man die folgenden Haufen an und wirft das Feuer immer gegen den Wind weiter fort.

Zur Förderung der Arbeit verrichtet man am liebsten das Brennen an einem Tage, wo Sonnenschein und Wind ist, und zu einer Tageszeit, wo die Hitze am größten ist (von Morgens 11 bis Nachmittags 2 Uhr).

Hierbei schwelt der Boden ab, indem das Feuer etwa 8 cm tief in den Boden dringt und ihn zu Asche brennt.

Wenn die Oberfläche des Landes sehr verbrannt aussieht und gehörig mit Asche überlegt ist, so ist das Brennen gut gerathen und die Vorbereitung zur Saat vollendet.

In die noch heiße Asche säet man Buchweizen, eine Kornart, welche die Arbeit am reichlichsten lohnt. Fällt die Ernte glücklich aus, so ist der Ertrag des Buchweizens das 30 bis 40fache der Aussaat. Es ist anzurathen, zum Brennen und Säen nicht eher zu schreiten, bis man gegen Nachtfröste gesichert ist. Mitte Mai ist dazu die beste Zeit.

Nach dem Säen wird zuletzt ein wenig durch Menschenhand geeggt und gewalzt.

Sobald die meisten Körner schwarz sind, kehrt man sich nicht daran, ob das Stroh noch grün ist und noch Blüthen zeigt, sondern man mäht alsdann mit Sensen den Buchweizen ab, läßt ihn in Schwaden einige Tage liegen, danach gegen einander aufgehäuft so lange stehen, bis er zum Einfahren trocken genug ist. Die Wachsthumszeit des Buchweizens dauert 3 Monate und die Ernte tritt daher gewöhnlich im September ein.

Die Bearbeitung des zweiten, dritten und der folgenden Jahre besteht darin, daß jährlich die Gräben vertieft, der Acker wieder gehackt und gebrannt wird. Das Moorland ist aber alsdann leichter zu bearbeiten, und es genügt dazu eine 40 cm breite Hacke mit vier 15 cm langen Zinken, mit der man den Boden Schritt vor Schritt aufkratzt.

Man pflegt das Moorland im dritten und folgenden Jahren auch wol umzupflügen, indem man dem Zugvieh große hölzerne Schuhe 2c. unterbindet. Dieses Verfahren ist zwar wohlfeiler, allein nicht so gut wie die Bearbeitung mit der Hand.

Nach 4 bis 6 Jahren werden mitunter wol noch der Anbau von Hafer und Roggen versucht, im Falle eines Mißjahrs auch wol eine Spergelernte erzielt, und damit ist die Brandcultur geschlossen und eine dreißigjährige Brache geboten.

Wir sehen, daß die Brandcultur den Boden erschöpft. So lange beim Brennen des Moors die Schollerde und die Stengel und Wurzeln des Heidekrauts 2c. in dem kohligen Rückstand (die Asche verweht und kommt wenig oder gar nicht zu Gute) einen Alkaligehalt liefert, trägt der ausgesäete Samen Frucht, und zwar am reichlichsten in den ersten Jahren; in der Folge nimmt die geerntete Körnerzahl regelmäßig ab, theils weil der Alkaligehalt im Boden sich immer mehr vermindert, theils aber auch, weil allmählich die für das Gewächs unbrauchbaren Kohlenbestandtheile sich an der Oberfläche des Ackers zu sehr anhäufen. Je mächtiger die Schollerde ist und je dichter die holzigen Pflanzen das Moor überziehen, desto röther und fruchtbarer die Asche und desto andauernder die Brandcultur. Der Moostorf mit seiner weißen Asche wird niemals fruchtbar sein.

Jedenfalls bewirkt die Brandcultur, daß der Boden abgesehen von den durch das Feuer darauf wirkenden chemischen Einflüssen, eine ebene, gleichmäßig feste und bindende, sowie milde und empfängliche Erdkrume bekommt, und das muß den Abscheu vor dieser Culturart um so mehr mäßigen, da sie als Mittel zum Zweck bei weitem nicht in der Ausdehnung Anwendung finden wird, daß wesentliche Unbehaglichkeiten durch den Moorrauch entstehen können.

Als Vorbereitungscultur darf aber der Boden nicht a u s g e s o g e n und e n t k r ä f t e t, sondern nur angeregt und für den Anbau erschlossen werden.

Zu dem Zwecke ist zunächst erforderlich, daß die Brandcultur nicht länger als zwei bis drei Jahre, bei kräftigem Moore oder bei starker Verheidung aber höchstens vier Jahre ausgeübt wird. Thatsache ist, daß das Brennen den Moorboden entkräftet, und wenn dabei auch ausnahmsweise hier und dort die Fruchtbarkeit sich längere Zeit erhält, so muß doch offenbar durch die entzogene Kraft der künftige Anbau geschmälert werden. In zwei bis drei Jahren wird aber, sofern in dieser Zeit der wuchernde Heidewuchs getödtet werden kann, bei guter Entwässerung und Bearbeitung durch dieses Culturverfahren der Boden der Art aufgeschlossen sein, daß ein sicherer Anbau auf dem Fuße folgen kann.

Um den Boden möglichst wenig zu entkräften, ist es angebracht, daß bei der Bearbeitung nur die hohe filzige Erdscholle (Bulten), nicht die niedrige Moorerde umgebrochen und in den Brandjahren nur das erste Mal gehackt, dann stets umgekratzt wird. Aus demselben Grunde muß verhütet werden, daß das Moor zu tief ausbrennt. Je schneller das Feuer die Mooräcker überläuft, desto weniger brennt das Moor aus, und dieses ist um so nützlicher, da nicht die Asche, welche ohnehin der Wind verzehrt, sondern der kohlige Rückstand die Tragkraft im Boden erzeugt. Man muß deßhalb durch häufiges Eggen 2c. dafür sorgen, daß die obere Krume vorher gehörig austrocknet. Außerdem hat man zum Brennen die geeigneten Witterungsverhältnisse zu wählen; keinesfalls darf man bei anhaltender Dürre und Windstille das Geschäft vornehmen. Eine gute Vorsichtsmaßregel ist auch stets die, daß man vor dem Brennen die Gräben abschließt und in denselben die feuchten Niederschläge bis zu einer angemessenen Höhe erhält.

Zu den besseren Bodenarten gehört

der Heidelehmboden.

Er enthält Thon und Sand mehr oder weniger zu gleichen Theilen, und gewöhnlich ist ihm auch etwas Kalk ꝛc. beigemischt. Er ist neben der gemeinen Heide mit Sumpfheide, auch wol stellenweise mit Gräsern, Buschwerk ꝛc. bewachsen und lediglich durch die Verheidung in seinem Wirkungsvermögen gestört. Der Thongehalt bindet löslichen Humus, und es pflegt deßhalb daran der Heidelehmboden nicht arm zu sein. Aber auch die Heidehumsdecke ist nicht als werthlos zu betrachten, kann vielmehr in gutem mildem Humus leicht verwandelt werden. Zu dem Zwecke muß man zum Umbrechen dieses Bodens schreiten, indem man im Herbst zwei Pflüge in der Art hinter einander gehen läßt, daß der erstere die Narbe in schmalen Schnitten nur dünn abschält, der nachfolgende Pflug aber die Erdkrume, nur soweit als zur Ueberdeckung bezw. Mengung nöthig [1]), über jene ansbreitet. Hierauf läßt man das Feld ruhig bis zum Frühling liegen und bepflanzt alsdann dasselbe. Auch die Dammcultur ist auf ihm angebracht, zumal er gewöhnlich naßkalt ist und die Gräben ihm deßhalb sehr dienlich sind.

Auf derartigem Boden mißrathen die edleren Holzarten selten. Gewöhnlich trägt er die Fichte, es kann aber auch die Tanne auf ihm gedeihen, und es empfiehlt sich diesen Holzarten je nach seiner Kräftigkeit mehr oder weniger die Buche und Eiche beizumischen.

Schlechter steht's mit

dem Heidesandboden.

Derselbe trägt vorwiegend die gemeine Heide. Die Heidenarbe findet man in kohlenartigem im Wasser nicht

[1]) Das tiefe Pflügen ist, wie schon bemerkt, bei diesem Boden mitunter sehr nachtheilig.

auflöslichem Zustande von schwarzer Farbe, zuweilen stark mit Harzstoff verbunden; auch enthält sie Gerbestoff, Gallussäure rc. Dieser kohlige und harzige Heidehumus ist zusammenziehend und verhält sich zum Pflanzenwachsthum, wenn nicht nachtheilig, so doch gleichgiltig. In oberflächlicher Vermischung mit Sand macht er den Boden lose, flüchtig und trocken.

Der mineralische Bestandtheil dieses Bodens ist in der Hauptsache Sand oder Kieselerde. Diese ist zwar ein wesentlicher Nahrungsstoff, allein die Holzgewächse begnügen sich damit nicht, und enthält der Sandboden keine Beimengungen von anderen Erdarten, so ist er ganz unfruchtbar. Die Freilage beförderte oberflächlich das Auswaschen des Bodens an Nährstoffen. Die Verheidung führte zur Bildung von saurem Humus. Mit der Bodenversaurung erzeugte sich Ortstein (Ahlerde). Die Eisenbestandtheile in der humosen Oberdecke des Bodens wurden durch die Humussäure gelöst und sanken als humussaure Eisensalze mit der Humussäure in die tiefere Erdschicht, in der sie festgehalten und unter Einwirkung der Mineralbasen zum schädlichen Eisenoxydul verwandelt sind[1]).

Es tritt dieser Boden mannigfach auf:

Der ockergelbe, bisweilen in's Braune spielende Sand, welcher nicht selten das Ansehen und die Eigenschaft eines feinen, hellbraunen Lehms zeigt, ist als gut anzusprechen. Weniger gut ist diese Bodenart, je heller die Farbe erscheint. Der für den Acker unliebsame grandhaltige Boden (der grobe Kiessand) ist für den Holzanbau nicht so schlecht, sofern er nur ein gutes Bindemittel führt. Der hell- bis dunkelbraune, ein wenig pflanzliche Stoffe enthaltende Sand ist, je nach der Menge der zersetzten pflanzlichen Stoffe (Humussäure), zwischen denen man den hellen Sand unterscheiden kann, mehr oder weniger brauchbar. Dieselbe Bodenart mit geringer Ortsteinunterlage kann aufgeschlossen

[1]) Interessant ist die Schilderung von Emeis: „Wald, Moor und Heide in Schleswig-Holstein," 1873; auch der Anhang zu dessen Schrift: „Waldbauliche Forschungen und Betrachtungen," in welchem in vier kurzen Abschnitten sehr verständige Ansichten über praktische Waldwirthschaft in Schleswig-Holstein vorgetragen werden.

werden, während sie bei einer starken oder tiefstehenden Ortsteinschicht, oder bei einem sonstigen, schwer zu durchbrechenden Untergrunde unbrauchbar ist. Der helle, bindungslose, aus schwerlöslichem Kieselmehl oder krystallinischen Quarzkörnern bestehende Sand (Wehsand), welcher nur das Heidekraut (ohne Besenpfrieme, Ginster 2c.) spärlich trägt, macht die Holzzucht schon bedenklich. Wo selbst die Heide nicht mehr blüht, das Hungermoos 2c. den Boden liebt, da steht's mit der Holzzucht ganz betrübt.

Hier kommt es in Frage, welche Hilfsmittel erforderlich und anwendbar sind, solchen mehr oder weniger geschwächten Boden mit Vortheil aufzuforsten. Wir sind mit unserem Collegen Emeis darin völlig einig, daß nur dann ein sicherer und lohnender Erfolg sich zeigt, wenn mittelst gründlicher, allerdings kostspieliger Bodenarbeit die alten geologischen Schichtungen des Bodens ganz verändert und die Bedingungen des Heidewuchses und der Ortsteinbildungen vollständig beseitigt werden.

Die Vorarbeiten zum forstlichen Anbau bestehen darin, daß zunächst das Heidekraut durch flaches Abschälen vertilgt wird. Alsdann ist es zweckdienlich, aber kostspielig den Heidehumus allmählich durch immer tieferes Pflügen mit dem Sande zu vermischen. Hierauf kommt tiefer Aufbruch, der für die Heiden gewöhnlich geboten ist, wenn der Holzanbau mit Sicherheit gelingen und dauernden Erfolg haben soll. Der Aufbruch geschieht durch das Doppelpflügen mit dem sogen. Schwingpflug (ohne Vordergestell), wie bei dem Heidelehmboden beschrieben, jedoch folgt dabei dem bei der Ackercultur gewöhnlich gangbaren Schwingpfluge der etwas stärker gebaute und tiefer greifende sogen. Wald-Schwingpflug. Dieser greift 40 bis 60 cm tief. Aus Ersparungsrücksichten unterbleibt häufig die zuvorige Vermischung des Heidehumus mit dem Sande, sowie das Doppelpflügen, und wird der Aufbruch nur mit dem Wald-Schwingpflug vollzogen; man sieht auch mitunter von der vollen, wirksameren Bodenbearbeitung ab und beschränkt sich mit einer streifenweisen (die Streifen in 2,40 m breite mit 1,60 m Zwischenraum in regelmäßigem Wechsel haben sich als völlig ausreichende Umbruchsweise bewährt), schreitet ferner zu Einzelfurchen in 1 bis 1¼ m Entfernung und begnügt sich sogar mit dem platzweisen Umbruch, letzteren Falles mit Spaten in der Weise, daß die Pflanzstelle gelockert wird. Die tiefste Pflugarbeit ist immer billiger, wie Riolung durch Handarbeit. Der Boden mit schlimmer Ortsteinunterlage &c. fordert aber zuweilen einen Tiefgang, den nur die Handarbeit erreichen kann. Da man versichert sein muß, daß jene Schichten wirklich gehoben werden, so hat man solche Flächen für die Handriolung auszuscheiden. Der Ortstein in den Riolstreifen muß obenauf, bezw. auf die Zwischenbänke gelegt werden, wo er durch die Einwirkung der Luft innerhalb eines Jahres verwittert und zerfällt.

In den unbewohnten großen Heiden fehlen aber Hand- und Gespannkräfte, und soll das Werk der Aufforstung kräftig angegriffen werden, so kann dies nur der Dampf vermitteln. Der Beweis liegt vor, daß der Dampf auch in der Forstcultur, zunächst des Flachlandes seine Rolle zu spielen vermag. Die Dampfpflugcultur ist unstreitig das wichtigste Mittel, um in den Heiden mit dem Holzanbau in sicherer Weise weiter zu kommen. Es wird von mehreren Seiten dafür plaidirt; unter Anderem hat der Forstdirector Dr. Burckhardt in seinen Blättern „Aus dem Wald" den Gegenstand fortlaufend verfolgt (4., 5., 6. u. 7. Heft) und schließlich eine große Dampfpflugcultur aus dem Meppenschen als vollendet anzeigen können. Letztere ist zwar noch theuer, verspricht aber ausgezeichneten Erfolg. Inzwischen hat man nach billigeren Verfahrungsweisen in der Anwendung des Dampfpfluges sich umgesehen. Was man jetzt hat, ist völlig wircksam und im Kostenpunkte erträglich und annehmbar.

Auf den klösterlichen Heiden zu Niebeck im Lüneburgschen standen im Jahre 1876 dreierlei Dampfpflüge (von John Fowler und Comp. in Leeds — England) mit dem wirksamen Zweimaschinensysteme (zwei Dampfmaschinen mit Balancirpflug, an langem Drahtseil gezogen) in Arbeit. Der eine Dampfpflug bewältigte die schlimmeren Vorkommnisse von Ortstein, der andere war für gewöhnliches Tiefpflügen bestimmt. Beide konnten zu totalem, wie zu streifenweisem Umbruch verwandt werden. Die lose Erde des so gepflügten Bodens lag oben auf, als wäre er mit der Rodehacke ꝛc. urbar gemacht. Der dritte Dampfpflug war auf Einzelfurchen in 1 bis 1¼ m Abstand berechnet. Diese Furche schälte eine am Pfluge angbrachte Vorrichtung ab, und darauf wurden sie gleichzeitig mit dem Grubber sehr tief (bis 75 cm) durchschnitten[1]). Dieser dritte Pflug gibt die wohlfeilste Arbeit und dürfte manchem Heidebesitzer gefallen, auch für viele andere Verhältnisse genügen. Alle drei Pflüge wurde durch dieselben Dampfmaschinen gezogen und waren Balancirpflüge, so daß sie nicht zu wenden brauchten. Es war interessant, die gewaltige Wirkung des riesigen Dampfpfluges und der Kraft, welche ihn treibt, zu betrachten.

Es handelt sich um Zwei- und Einmaschinensystem. Ersteres war zu Niebeck im Gebrauch. Letzteres ist erheblich billiger, bedarf auch weniger Bedienung. Doch ist der Seilverbrauch größer und soll die Bodenlockerung nicht geringer sein, der Kohlenverbrauch größer. Um noch billigere Dampflüge zu bekommen, hat man versucht, mit gewöhnlichen Dreschlocomobilen Windetrommeln auf einem besonderen Wagen in Drehung zu versetzen und durch die, auf Leitrollen um das Feld herum gelegten Seile den Pflug (nach dem Rundumsystem) hin und her zu bewegen. Die gewöhnlichen Dreschlocomobilen haben sich für rentable Arbeit zu schwach erwiesen, und man arbeitet jetzt mit besonderen, weit stärkeren Locomobilen, wobei sich dann der Preis des ganzen Dampfpfluges bei gleicher Pferdekraft der Maschinen kaum halb so hoch stellt, wie beim Zweimaschinensystem. Beim Rundumsystem ist der Transport von Feld zu Feld sehr umständlich, weil er mit Gespannen ausgeführt werden muß; man wendet deßhalb auch Straßenlocomotiven statt der Locomobilen an, wodurch sich der Preis dem des Einmaschinensystems nähert. Ebenso umständlich und zeitraubend wie der Transport ist auch die Aufstellung auf dem Felde, und da man lange Seile und viele Leitrollen anwenden muß, so wird nicht nur der Seilverbrauch größer ausfallen als beim Zweimaschinensystem, sondern man wird auch geringere Leistung pro Pferdekraft haben. Da man ferner

[1]) Man hat jetzt verbesserte Grubber, womit der Grund der Furche noch gründlicher zermalmt wird.

wegen der vielen am Boden befestigten Leitrollen, welche losgehen können, keine sehr große Kräfte anwendet, so wird entweder bei hoher Fahrgeschwindigkeit ein sehr großer Theil der Kraft durch die Bewegung des leer gehenden Pfluges verbraucht, oder man hat bei niederer Fahrgeschwindigkeit schlechtere Bodenlockerung. Auf alle Fälle wird aber bei gleicher Pferdekraft der Dampfmaschinen die Jahresleistung wesentlich kleiner, als beim Zweimaschinensystem. Zu diesen aufgezählten Vorzügen und Nachtheilen der verschiedenen Dampfpflugsysteme kommt noch, daß dieselben sämmtlich mehr und mehr verbessert werden. Wie groß diese Verbesserungen sein können, sieht man daraus, daß z. B. eine Fabrik die Leistungsfähigkeit ihrer heute gebräuchlichen Dampfpflüge 25 % höher annimmt, als die ihrer früheren. Es lehrt dies Vorsicht bei Anschaffung eines Dampfpfluges [1]). Zur Zeit empfiehlt sich, die Heiden durch Unternehmer in Accord pro Hektar pflügen zu lassen, wie auch zu Niebeck durch Fowler geschah. Hierbei hat man nur darauf zu sehen, daß der Dampfpflug den Boden- und Terrainverhältnissen entspricht und daß damit das Herausbrechen gründlich und billig beschaffen wird. Gewiß werden bald über die Verwendbarkeit der verschiedenen Dampfpflugsysteme vergleichbare, zuverlässige Erfahrungsresultate gewonnen sein, welche die Wahl eines Dampfpfluges weniger schwer machen.

Die Art und Weise der Bodenbearbeitung will geprüft sein, namentlich verlangt der ortsteinhaltige Boden ein gründliches Herausbrechen bis auf die bessere Bodenschicht; aber auch der gewöhnliche Heideboden muß reichlich tief durchschnitten und durchwühlt werden, sofern der Flugsand nicht in Sicht ist. Was also die Tiefcultur anbelangt, so kann des Guten nicht zu viel geschehen, selbstverständlich muß der Kostenpunkt mitsprechen.

Nachdem sich der Boden einen Winter hierdurch gelagert hat, wird zur Pflanzung mit dem sehr zu empfehlenden Keilspaten geschritten werden können, oder wie man

---

[1]) Der Preis eines Dampfpfluges des Fowler'schen Zweimaschinensystems für Forstcultur betrug 1873 noch 54000 ℳ, ist aber wesentlich gesunken.

sonst cultiviren will. Jedenfalls erleichtert die vorbeschriebene Bodenbearbeitung die Pflanzung ungemein.

Bei der Streifencultur ist es angebracht, die unbearbeitet gebliebenen Zwischenräume flach zu pflügen und mit zu bepflanzen, besonders deßhalb, damit die Heide auch seitwärts unterdrückt und unschädlich gemacht wird. Wenn das Pflügen dieser Zwischenräume zu schwierig oder zu kostspielig werden sollte, so bepflanze man dieselben wenigstens in gelockerte Löcher.

Das Recept für die Wahl der Holzart liegt schon oben vor. Die Kiefer muß durchweg den Grundbestand bilden, welcher bei den zuerst genannten Bodenarten die Fichte, Eiche, Buche ꝛc. zu zugesellen sind. Die Buche wird zuerst schwinden, ihr die Eiche und schließlich die Fichte folgen, so daß zuletzt im bindungslosen Sande die Kiefer mit der Schwarzkiefer den Boden decken muß. Einzeln kann im Schutz die Weymuthskiefer und auf besseren Bodenpartien die Lärche mit eingesprengt werden.

Wir wollen der Kiefer auf dem Heidesandboden im Anbau nicht nur ihrer Genügsamkeit wegen besondere Berücksichtigung angedeihen lassen, sondern auch deßhalb ihr den Vorzug geben, weil sie, wenigstens in der Jugend, am sichersten, schnellsten und besten den Boden beschirmt und bessert. Wir wollen aus diesem Grunde derselben von vornherein, selbst auf den besseren Bodenarten, nur in untergeordneter Weise die Fichte (1/6) und die Eiche (1/10) beimischen. Keineswegs soll dieselbe aber den künftigen Hauptbestand bilden, es muß vielmehr das Streben darauf gerichtet sein, allmählich die Laubhölzer zur Herrschaft kommen zu lassen, weil diese allein im Stande sind, ganz besonders im Terrain der Heiden dauernde Waldbestände zu schaffen. Vor der Hand mögen die Laubhölzer nur als Bodenschutzholz dienen, bis sie mit zunehmender Bodenkraft in die Hochwaldsform treten. Wie wir schon erwähnt haben, stellt sich die Kiefer schon im jugendlichen Alter (von 20—30 Jahren) licht, und wird nicht rechtzeitig für Bodenschutz gesorgt, so nimmt schnell die gewonnene Bodenkraft ab und die Verödung und Verheidung der Art zu, daß der Bestand schon im Stangenholzalter abständig wird. Mit der eintretenden Lichtung bepflanze man daher die ganze Fläche mit Buche bezw.

Hainebuche in 2 m Entfernung. Hat die von vornherein gepflanzte Eiche vom Druck gelitten, so vervollständige man dieselbe, oder pflanze sie überhaupt erst mit der Buche an. Bei den schlechteren Bodenarten muß die Fichte aushelfen, jedoch nur soweit als zum Schutz des Bodens nöthig ist und ohne den obigen Procentsatz zu überschreiten.

Der Weh- oder Flugsand wird zunächst an den beweglichsten Stellen etwas geebnet und mit Heide- oder Grasplaggen, oder Torfschollen schachbrettartig bedeckt, als dann in seiner ganzen Ausdehnung mit den alten bekannten Dünengräsern Arundo arenaria, Elymus arenarius 2c. besäet. Diese Gräser steigen mit ihren langen Faserwurzeln tief in feuchtere Bodenschichten herab, binden und befestigen den Boden dergestalt, daß er nach einigen Jahren zum Holzanbau geeinet ist.

Vor allen Dingen müssen die vorhandenen Holzarten gehörige Pflege erhalten. Der meist schon in den Sandwüsten sich vorfindende gewöhnliche Wachholder ist zum späteren Schutz besonders an diejenigen Stellen zu pflanzen, welche am meisten dem Winde ausgesetzt sind. Außerdem sind zur Aufforstung die kanadische Pappel, Kiefer, Schwarzkiefer, Akazie, Birke 2c.[1]) zu empfehlen. Die Pflanzung (meistens ist die gemeine Kiefer die Hauptholzart) geschieht mit 3—4 jährigen Ballenpflanzen oder mit Jährlingspflanzen, im letzteren Falle wird die Pflanze ganz dicht an die Nordseite der Pflagge gesetzt, damit sie in trockener Sommerzeit weniger leicht verdorrt.

In den südfranzösischen Departements der Gironde und Gascogne (les Landes) haben großartige Dünenbefestigungen stattgefunden und ist folgendes Verfahren beobachtet: Die Dünen werden mit Ginster und Meerstrandskiefer (Pinus maritima) besäet und die Saaten mit Strauchwerk bedeckt, um die jungen Pflanzen gegen den Anprall der Sonnenstrahlen und der ausdörrenden Winde zu schützen. An Aussaat wird pro ha verwandt: 18—20 kg Samen der Meerstrandskiefer, 6—8 kg Ginstersamen und 4 kg Gourbetsamen. Zur Bedeckung sind pro ha 300 bis 375 Centner Strauchwerk erforderlich, welche aus den schon

[1]) In Dänemark hat man günstige Versuche mit dem Anbau der sog. Bergkiefer, Pinus montana, gemacht.

bewaldeten Dünen gewonnen werden. An feuchten Stellen begnügt man sich damit, den Samen der Meerstrandskiefer in 3½ Zoll tiefe Löcher in 9zölligen Entfernungen zu säen.[1]) Diejenigen Stellen, auf welchen der Sand am meisten beweglich ist, namentlich die dem Meere zugewandten Abhänge und Gipfel der ersten Dünenreihe werden nur mit Gourbet — von welchen pro ha 15 kg, mit feuchtem Sande gemischt, verwandt werden — besäet. An den gefährlichsten Stellen werden außerdem zum Schutze der Cultur 1 m hohe Flechtzäune oder 1 Zoll starke, ebenso hohe Plankenzäune gegen die herrschende Windrichtung angelegt. Die Kosten belaufen sich pro ha auf etwa 100 ℳ.[2])

In der **Lüneburger Heide**, namentlich auf den von dem Landesdirectorium angekauften Flächen bei Oerrel, Dethlingen ꝛc., wurde die Aufforstung von Heide, Moor und Acker kurz in folgender Weise betrieben:

Bevor man irgend welche größere Arbeiten in Bezug auf die Forstwirthschaft ausführte, wurde das Revier in Abtheilungen getheilt. Diese Abtheilungen sind womöglich Rechtecke von etwa 250×500 m Seitenlänge und sind durch Wege getrennt, die von Norden nach Süden und von Osten nach Westen sich kreuzen, wodurch die Fläche im Bilde das Aussehen eines nach geometrischen Principien angelegten Plans erhält. Die von Norden nach Süden laufenden Bahnen heißen Hauptgestelle und sind 7 m breit, die von Osten nach Westen Nebengestelle und sind 5 m breit. Diese Bahnen werden später abgefilzt und gewölbt, und zwar so, daß die Heidnarbe vergehen muß, wodurch bei etwa entstehendem Feuer letzteres ein Hinderniß findet. Die Fläche der Abtheilungen schwankt zwischen 11 und 18 ha und bewegt sich die Eintheilung in den forstlich vorge-

---

[1]) Die Saat ist nicht empfehlenswerth, am wenigstens in beschriebener Weise.

[2]) v. Strantz, Preuß.: Annalen des landw. Monatsblattes 45,131. Ueber die Befestigung der Dünen vergl. ferner: Preuß. Annalen, Wochenblatt 1868, Nr. 28; Der Boden und die landw. Verh. des Preuß. Staates Bd. 2, S. 371; Hartig, Berlin 1830; v. Pannewitz, Marienwerder 1832; Wessely, Wien 1883; Pfeil; Burckhardt, „Aus dem Walde" H. VI, S. 21, H. VIII. S. 167 ꝛc.

schriebenen Grenzen, wobei die Anlage neuer Wege sich thunlichst dem System vorhandener Wege anzuschließen hat.

Um nun den Heidboden zum Pflanzen geeignet zu machen, wird derselbe durch Gespanne umgepflügt, und zwar so, daß ein Streifen von 2,6 m umgepflügt wird und dann wieder ein Streifen von 1,4 stehen bleibt. Bei der Bearbeitung des Bodens durch Pflügen ist namentlich darauf zu sehen, daß die in einer Tiefer von 0,25 bis 0,30 m vorkommende Zwischenlagerung brandiger Erde (Ortstein) durchbrochen wird. Es ist deßhalb erforderlich, in den meisten Fällen bis zu 0,50 m tief zu pflügen. Gepflügt wird mit zwei Gespannen; der erste mit zwei Pferden bespannte Pflug schält die Heidnarbe etws 10 cm tief ab, der zweite mit vier bis acht Pferden bespannte Pflug pflügt tief genug, um die vorhin erwähnte Ortschicht zu durchbrechen und gelben Sand oben aufzubringen. Die Heidnarbe kommt in die Tiefe der Furche, um später dem Pflänzling als Dünger zu dienen. Ferner werden diejenigen Stellen, welche sich zum Pflügen vermöge ihrer Lage nicht eignen, entweder gelöchert oder tief umgegraben (riolt). Dos zu bepflanzende Moor wird rabattirt, d. h. es werden in einer Entfernung von etwa 5—6 m 1 m breite Gräben gezogen, deren Auswurf auf die stehenbleibenden Felder (Rabatten) geworfen wird. Die Gräben müssen so tief gemacht werden, bis man Sand gewinnen kann, welcher dann auf den Rabatten vertheilt wird. Das Pflügen wird durch Unternehmer, alle übrigen Arbeiten durch Forstarbeiter und hauptsächlich durch Corrigenden ausgeführt. Von letzteren waren im Jahre 1878 etwa 60 Mann auf der Forstanlage thätig, nachdem man aber an competenter Stelle die Zweckmäßigkeit der Verwendung von Corrigenden zu Forstculturen eingesehen, wurde hier eine Filiale des provinzialständischen Werkhauses Moringen errichtet, wo beständig 130 Corrigenden mit den erforderlichen Aufsehern stationirt sind, die bei gutem Wetter mit Culturarbeiten, bei schlechtem Wetter mit der Verfertigung von Rohr- und Strohmatten beschäftigt werden. Der Gesundheitszustand ist ein vortrefflicher, und bekommt den Corrigenden das Arbeiten im Freien besser als im Hause. Ist nun der Boden vorbereitet und hat derselbe mindestens ein Jahr nach der Bearbeitung gelegen, so wird derselbe bepflanzt. Die hier zur Verwendung kommenden Pflänzlinge sind Fichten und Kiefern; an Stellen, wo der Boden etwas lehmige Beimischung hat, und im Moore, werden Eichen und Kiefern (1—2 jährig) gepflanzt. Die bislang zu Ackerländerei benutzten Flächen werden behufs Buchweizenbestellung einmal verpachtet und nach geschehener Ernte bepflanzt.

Die Berge

Deutschlands treten in Bildung, Art und Form mannigfaltig auf. Das Hochgebirge hat keine große Bedeutung, denn es gehört nur ein geringer Theil, einer der Hauptabschnitte der nördlichen Alpenkette, zum Deutschen Reich. Die nördlichen Alpen bestehen zumeist aus steil aufgerichteten, nach Süden mit ihren Schichtenköpfen ganz besonders abschüssigen, mächtigen sedimentären Kalken. Sie umfassen die Algäuer Alpen und die Bayrischen Alpen mit der nahezu 3000 m hohen Zugspitze, dem höchsten Punkte des Deutschen Reichs. Die Mittelgebirge, von 600 bis 1600 m Höhe übern Meeresspiegel, sind zahlreich vertreten und zum Theil ausgedehnt. Die bemerkenswerthesten sind: Der Wasgenwald (Vogesen) mit der Haardt, welcher im südlichen Theil dieses Gebirges bis über 1400 m ansteigt und in seinem Kern granitisch-krystallinische Bildungen, außer Granit und Gneis besonders Granulit enthält, während weiter nördlich der untere Bundsandstein oder Vogesensandstein den Hauptbestandtheil des allmählich sich senkenden Gebirges ausmacht; der Schwarzwald, ebenfalls granitisch und krystallinisch, im Süden eine Höhe von über 1500 m erreichend; der Odenwald und Spessart, theilweise granitisch, jedoch östlich im Odenwald und südöstlich im Spessart fast durchgehends Trias und zumeist Buntsandstein, bei Heidelberg (Königstuhl) der höchste Punkt von 650 m; der Hundsrück, die Eifel, das Siebengebirge, der Westerwald, im Großen Feldberg fast 880 m erreichend, in der Hauptsache devonischen Schiefer, Grauwacken, Sandsteine, seltner Kalke enthaltend, theils von tertiären Schichten unterbrochen; der Gebirgszug des Jura, welcher westlich vom Schwarzwald bis zum Donauthal den Namen

Schwarzwaldjura führt, dann als Rauhe Alp in einer Höhe von über 1000 m durch Württemberg, zuletzt in geringerer Höhe durch das mittlere und nordöstliche Bayern zieht und hier den Namen des Fränkischen Jura führt, zeigt auf den Keupergebilden, Mergellagern und Sandsteinen zunächst den meist mergeligthonigen, hin und wieder kalkigen Lias oder schwarzen Jura, dann den aus Mergeln, Kalken, Oolithen, Sandsteinen, auch Thoneisenstein zusammengesetzten Dogger oder braunen Jura und endlich den vorwiegend kalkigen weißen Jura; der Thüringer-Wald, 1000 m erreichend, besteht hauptsächlich zu innerst aus Granit, Porphyr, Melaphyr und Rothliegendem, dem sich die Triasglieder vom Buntsandstein durch den Muschelkalk bis zum Keuper anlagern; die Hohe Röhn 950 m, der Vogelsberg 800 m, der Habichtswald bei Kassel 620 m und der Meißner 750 m hoch, zeigen Basalte in größeren und kleineren Kegeln und Kuppen; das Fichtelgebirge bis zu 1075 m, das Erzgebirge bis über 1200 m und das Sudetengebirge (die Schneekoppe 1590 m, der Große Schneeberg etwa 1400 m und der Altvater 1480 m hoch) weisen die größten Massen von Granit und Gneis auf; der Harz endlich, welcher mit seinem Granitkern 1140 m hoch hervortritt, zeigt Grauwacke, Sandstein und namentlich Schiefer der verschiedensten Art, sowie Kalk in den Zwischenlagerungen rc. Die niedrigen Gebirge, Berg- und Hügelzüge bis zu einer Höhe von 600 m, sind meistens Ausläufer (Vorberge) der Mittelgebirge, Buntsandstein, Muschelkalk, Keuper, Kreide, Jura rc. enthaltend, hier und dort mit Basaltkuppen.

Das Hügelland ist im Allgemeinen sehr fruchtbar und, wo der Boden tiefgründig und frisch, mit Vortheil und leicht zu cultiviren; wo der Boden aber ausgewaschen, flachgründig und wasserarm, namentlich an steilen Hängen, mehr oder weniger unergiebig. Besonders erfordert mitunter die Wiederbewaldung der verödeten Kalkberge einen Aufwand, der nur im Landesculturinteresse zu rechtfertigen ist.

In den Mittelgebirgen ist kräftiger Urgebirgsboden vorherrschend. Ihre steilen, dem Abschwemmen ausgesetzten Hänge bedingen von Natur den Wald. Sie sind auch früher alle damit bedeckt gewesen, aber theilweise ist der Wald in gänzlicher Unkenntniß der entstehenden großen

Nachtheile verwüstet worden. Inzwischen ist die Erdkrume abgespült, und jetzt müssen wir vielerseits zum Zweck der Wiederbewaldung die Pflanzlöcher mit hingeschaffter Erde füllen. Auf den Hochplateaus erschweren die kalte Luft, die heftigen Winde, der anhaltende Winter, die schnellen Witterungswechsel, der lange liegende Schnee 2c. den Ackerbau, und wenn vielleicht hier und dort auf dem ausgerodeten Waldboden durch die seit Jahrhunderten darin aufgespeicherte Humuskraft auch erträgliche Ernten gemacht sind, so mußte mit dem Schwinden dieser, wegen Mangel an Ersatz, der Boden doch bald verarmen. Vielerseits bleiben auf diesen Gebirgsflächen ganze Strecken urbaren Landes jahrelang brach liegen und werden nur als Weide benutzt, oder es wird darauf die Eggartenwirthschaft (Feldgraswirthschaft) betrieben, wobei vollends der Boden abmagert. Wenn obendrein der Boden keine gehörige Tiefgründigkeit, Feuchtigkeit und keinen Schutz vor den Winden hat, so macht die Wiederbewaldung große Schwierigkeiten.

Das Hochgebirge ist noch kälter und rauher, und es hat daher der Waldanbau mit noch größeren Schwierigkeiten zu kämpfen. Es bildet zwar das Bayrische Hochgebirge mit den Algäuer Alpen eine große zusammenhängende Waldmasse, allein es findet sich dort auch die wilde Gras- und Alpenwirthschaft in großer Ausdehnung, am höchsten ausgebildet im Algäu. Die Hochfläche ist öde, nur hier und da von kleinen Waldstrecken unterbrochen. Schroff sind die Abhänge. Alles Regenwasser läuft in Vertiefungen sehr schnell zusammen und verschwindet zwischen Steintrümmern, um an den unteren Abhängen des Gebirges in Quellen wieder hervorzuströmen und in Thalrinnen oder Mulden abzufließen. Daher trotz hinreichenden Regenfalles Mangel an Feuchtigkeit. Die obere Grenze des Waldwuchses reicht etwa bis zu 1600 m Höhe, darüber hinaus ist der Sitz des Hirtenlebens. Die hier aufkommenden Bäume gehen in einen krüppeligen Wuchs über, bis schließlich der Baumwuchs ganz schwindet.

Während in der Ebene die Waldvegetation fast ausschließlich von dem Boden abhängig ist, spielen in dem Gebirge außerdem noch dabei die klimatischen Ortsverhältnisse und die Bodengestaltung eine wichtige Rolle.

Es zeigt sich durch die Vegetation augenfällig, wie mit der verticalen Erhebung der Gebirge über die Meeresfläche die Temperatur sich stufenweise erniedrigt. Dieses führt auf klimatische Vegetationsstufen, von denen die untere in den niederen Lagen ihrer geographischen Breite entspricht, die oberen aber den Gebirgen angehören. Wir unterscheiden daher, der vorbezeichneten Eintheilung der Berge entsprechend, drei große klimatische Zonen, und zwar:

1. die milde bezw. gemäßigte (Hügelland), welche sich vom Meeresspiegel bis zu einer Höhe von 600 m erstreckt;
2. die kühle (Mittelgebirge) von 600 bis 1600 m;
3. die kalte (Hochgebirge) von 1600 bis 3000 m.

Es treten nun auf in der ersten Zone: Kastanie, Eiche, Kiefer (Hainebuche, Ulme, Spitzahorn, Esche, Winterlinde, Birke, Akazie, Weiß- und Schwarzerle, Pappeln, Weiden 2c.); in der zweiten Zone: Buche, Tanne, Fichte, Lärche, (Bergahorn, Sommerlinde, Aspe, Salweide 2c.); in der dritten Zone: Zirbelkiefer und Krummholzkiefer, (Alpen-Erle, Alpen- und Strauchbirke, Alpen-Rose 2c.). Die Holzarten aus den oberen Höhenstufen gedeihen abwärts, weniger aus den unteren aufwärts, sowie in ein und derselben Stufe immer besser auf den niederen als auf den höheren Lagen. Wie mit dem Messer abgeschnitten scheidet sich z. B. auf der höheren Vegetationszone der Schweizer-Alpen besonders die Fichte von der Zirbelkiefer ab, während auf den unteren Höhenzonen das Gedeihen der Holzarten sich selten scharf abgrenzt, vielmehr bunte Uebergänge zeigt. Steigt doch einerseits die Eiche bis 800 m, die Kiefer (als entschiedene Holzart des Tieflandes) in den bayrischen Kalkalpen auf den südwestlichen Abhängen sogar in vereinzelten Exemplaren bis nahe 1600 m an, andererseits die Lärche auf dem Nordabfalle der Alpen fast bis in die Thäler, ja die Fichte und Buche bis an die Seeküste herab.[1])

[1]) Die eingeklammerten Holzarten sind mehr oder weniger untergeordneter Natur, bilden selten reine Bestände, haben aber in Untermischung bezw. vorübergehend für den Bodenschutz zuweilen hohen Werth.

Aber nicht bloß die Erhebung über der Meeresfläche (Höhenlage), sondern auch die Richtung der Abhänge, (Exposition nach der Himmelsgegend), ob gegen Nord, Ost, Süd oder West gekehrt, hat auf den Holzwuchs einen großen Einfluß. Die mittlere Jahrestemperatur jener Abhänge, welche zwischen Südost und Südwest liegen, ist höher, als der zwischen Nordost und Südwest gelegenen. Die Exposition verstärkt also die Wärmeverhältnisse der Höhenlage und kann dadurch das Gedeihen der Holzarten auf den verschiedenen Höhenstufen fördern oder mindern, bezw. bewirken, daß eine Holzart aus der ihr eigenthümlichen Höhenstufe auf- und abwärts steigt, wie wir bereits oben angedeutet haben.

Die Südhänge, welche fast den ganzen Tag hindurch dem Einfalle der austrocknenden Sonnenstrahlen ausgesetzt sind, und die dem Winde ausgesetzten Westhänge erleiden Mangel an der nöthigen Bodenfeuchtigkeit, während dieselbe an den Nord- und Osthängen erhalten bleibt. Wir finden hier vorzugsweise das Laubholz, dort das genügsame Nadelholz; letzteres tritt jedoch weniger von Natur auf, sondern es ist dasselbe mehr in Folge menschlicher Eingriffe und Fehler künstlich angezogen.

Die herrschenden Winde können, sofern sie kalt, allzu feucht oder allzu trocken sind, den Charakter der Höhenlage und der Exposition verändern, sowie umliegende Gebirge gegen die äußeren Einflüsse beschützend einzuwirken vermögen.

Auch der Feuchtigkeitsgehalt der Luft ist für den Holzwuchs nicht zu unterschätzen, namentlich wird das Gedeihen der Fichte, Tanne, Buche (Erle, Ahorn, Esche, Birke) durch ein größeres Maß von Luftfeuchtigkeit gefördert, während der Kiefer mehr trockene als feuchte Luft zusagt. Jedenfalls ist die feuchte Luft bei außerordentlichen Wärmezuständen durch die mildernde Wirkung zuträglich.

Die Bodengestaltung kommt besonders noch durch den Neigungswinkel der betreffenden Fläche gegen den Horizont in Betracht. Wärme, Licht und Feuchtigkeit werden wesentlich durch den Winkel bestimmt, unter welchem die Sonnenstrahlen einfallen.

Die Rolle des Luftraumes für die Ernährungsthätigkeit der Blätter spielt der Erdboden für die Wurzeln.

Wir haben schon hervorgehoben, daß die hauptsächlichsten mineralischen Bestandtheile eines Bodens aus Thon, Sand und Kalk bestehen und daß deren Mengungsverhältniß für das Gedeihen des Holzwuchses von Bedeutung ist. Ob der Boden aus der Verwitterung eines krystallinischen, oder eines älteren oder jüngeren Sedimentgesteins entstanden, ist dabei gleichgiltig. Es sind überhaupt weniger die mineralischen, als die physikalischen Eigenschaften des Bodens auf den Holzwuchs von Einfluß, namentlich stehen die Tiefgründigkeit, Lockerheit, Feuchtigkeit, Erwärmungs- und Gasabsorptionsfähigkeit 2c. in erster Linie. Ganz besonders ist aber der Humus die wirksame Kraft der Waldvegetation, der Vermittler und Ersatz für Alles. Nach Gayer[1]) gehören nun zu den Holzarten, welche zu einem befriedigenden Gedeihen erfahrungsmäßig die größten Ansprüche an den Nahrungsreichthum des Bodens machen, Ulme, Ahorn, und Esche, einen ziemlich hohen Anspruch machen Eiche, Linde, Buche und Tanne, mäßiger ist derselbe bei Lärche, Edelkastanie, Hainbuche, Fichte, Erle, Aspe, Weide, diesen Holzarten schließt sich die Birke an, sie steht übrigens unter Voraussetzung günstigen Gedeihens über den anspruchlosesten Holzarten, nämlich der gemeinen Kiefer, der Schwarz- und Weymuthskiefer.

Es mögen dieses im Allgemeinen Fingerzeige für die Wahl der Holzart in den Bergen sein. Weniger wird man bei der überaus großen Mannigfaltigkeit der Standortsverhältnisse fehl gehen, wenn man sich für eine gegebene Ortlichkeit an diejenige Holzart hält, welche den betreffenden Standort mit gutem Gedeihen eingenommen hat oder in unmittelbar angrenzendem Holzbestande einnimmt. Aber auch mit dieser Regel reicht man für Flächen, die lange verödet waren, nicht aus, weil gewöhnlich die früher vorhandene Holzart vorerst und unmittelbar nicht wieder gebraucht werden kann. Schwierig bleibt besonders dann die Wahl, wenn die aufzuforstende Fläche ausgemagert

[1]) Waldbau, Berlin 1878. S. 39.

und stark verwildert ist, entweder noch keine Holzbestockung getragen hatte, oder Spuren davon nicht mehr aufzufinden sind ꝛc.

Nicht allein die Wahl der Holzart, sondern auch die Bestimmung der Culturart und der nöthigen Vorbereitungs- und Schutzmaßregeln erfordern bei der Wiederbewaldung reifliche Prüfung. Auf Standortsverhältnissen, wo hohe Anforderungen befriedigt werden können, ist die Aufgabe leicht zu lösen. Wir sehen deßhalb davon ganz ab und indem wir im Nachstehenden nur Verhältnisse schwieriger Art in's Auge fassen, wenden wir uns zunächst zur

Regulirung der Bergwässer.

Wie wir schon hervorgehoben haben, steht im Bereiche der Holzzucht entschieden in erster Linie die Beschaffung und Erhaltung der erforderlichen Bodenfeuchtigkeit, und dies um so mehr in den Bergen, da hier durch die Neigung der Gehänge die Abflußgeschwindigkeit des Regen- und Schneewassers befördert wird und somit dieses von dem Boden weniger aufgenommen werden kann. Anderseits haben wir gesehen, wie zerstörend in den Bergen das Wasser wirkt, wenn es ungehindert und stetig über den Boden der Gehänge hinunterlaufen kann.

Hier muß vor allen Dingen die schützende und bessernde Menschenhand eingreifen und das Gefälle der Gehänge, die Ursache der Abflußgeschwindigkeit und Kraft des Wassers, gebrochen werden.

Schon lange hat man beim Waldbau erkannt, daß man dem schnellen Wasserabflusse namentlich an den dürren Süd- und Westhängen entgegentreten müsse, und zu dem Zwecke die Anlage von Horizontalgräben (Zuleitungsgräben) empfohlen. [1]) Da wo sich das abfließende Wasser zu Rinnsalen und Bächen vereinigt, sind allerdings — wie wir später sehen werden — horizontale Ableitungsgräben un-

[1]) An den steilen und trocknen Vorbergen der Rheinpfalz hat man mit den horizontalen Gräben von 50 cm Tiefe und Breite; 3—4 m entfernt (vormals Kauten oder Stufen), auch von 20—30 cm Breite und Tiefe, 1—1,50 m entfernt (mehr Furchen) überraschende Resultate erzielt, allerdings mit großen Kosten.

umgänglich nöthig, aber da wo dieses nicht der Fall, kann gewöhnlich von eigentlichen Gräben abgesehen werden und die Vorkehrung sich auf ein horizontales Abstufen (Abrinnen) der Gehänge in Streifen von angemessener Breite und Entfernung beschränken. Dieses Verfahren ist zugleich für die Holzcultur sehr förderlich und gedeihlich. Dabei wird je nach der Abhängigkeit auf der Bergseite 8 bis 15 cm tief eingestochen und der Abstich (Erdauswurf) abwärts gelegt. Die Streifen nimmt man nach Erforderniß 25 bis 40 cm breit und 1,75 bezw. 1,60 m (also von Mitte zu Mitte 2 m) entfernt. Die Pflänzlinge werden auf den erhöhten äußeren Rand, oder — was noch besser ist — auf einen gelockerten, in der Mitte der Streifen von beiden Seiten angehäufelten (erhöhten) Kamm gesetzt. Auf diese Weise entsteht allerdings auch zwischen Abstich und Kamm ein kleiner Graben (Rinne). Es hat dieses Verfahren den Vortheil, daß die Bewegung des auf die Fläche auffallenden, bezw. derselben zufließenden Regen- und Schneewassers gehindert und dasselbe so lange zurückgehalten wird, bis es in den Boden eindringen kann [1]).

Nothwendig, aber schwierig und kostspielig ist sodann die Correction der Rinnsale und Bäche, welche den Boden der Abhänge aufwühlen, durch nichts in ihrem Lauf gehemmt werden und reißenden Strömen gleich über die unterliegenden Felder stürzen, überall ihre verheerenden Spuren hinterlassend.

In den Thälern breiten sich zuweilen die Bäche in einem ebenen Bette sehr weit aus. Solche Bäche kann man allmählich durch Cultur in ein schmales Bett zwängen und erreichen, daß ihr niedrigster Wasserstand erhöht, die Ufer durch Holzanbau befestigt und kostspielige Uferbauten (welche wir der Wasserbau-Technik überlassen) zum Schutz

---

[1]) In dem 10jährigen Zeitraume unserer Wirksamkeit in der Oberförsterei Lützelstein-Süd haben wir mit Anwendung dieser Methode reichlich 600 ha verödeter und auch bereits bewaldeter Berghänge, wo der Boden vertrocknet und verhärtet war, erfolgreich cultivirt. Es zeichnet sich diese Streifencultur noch dadurch aus, daß in den Rinnen das Laub bewahrt wird und darin bei Thauwetter der Schnee sehr langsam schmilzt. Die Kosten belaufen sich pro ha auf 40 ℳ.

der angrenzenden Felder und Wege mit der Zeit unnöthig gemacht werden. Schritt für Schritt muß mit der Cultur vorgegangen, dem Bache das Terrain entrissen werden.[1]) Wenn die Bodenverhältnisse geeignet sind, so empfiehlt sich hier die oben beschriebene Weidencultur. Häufig besteht aber der Boden in den Flußgebieten aus Geröll- und Kiesgeschieben, derselbe wird auch noch zuweilen bei Hochwasser mehr oder weniger hoch mit Geröll überdeckt, und es kann die Cultur nur mit Heistern bezw. Setzstangen von Pappeln, Erlen, Salweiden und Birken, zur Einfassung der besseren Uferpartien auch wol von Eschen und Ulmen in einer Entfernung von etwa 4 m begonnen werden. Es bildet sich dann bei sorgsamer Nachbesserung durch Anschwemmung, Zersetzung der Laub rc. = Abfälle und durch Ansiedelung und Verwesung von Forstunkräutern eine Bodenkrume, welche mit der Zeit einen einträglichen Waldbau gestatten wird.

In den steilen Bergen treffen wir namentlich an kahlen Abhängen die zerstörenden Rinnsale und Wildbäche, in denen bei starkem Gefälle durch die zunehmende Geschwindigkeit des Wassers der Boden immer weiter unterwühlt und abgeschwemmt wird. Zunächst hat man solche Stellen an den Rändern der Wasserrisse und Schluchten theils durch Flechtwerk, theils durch Durchwurzelung (Anpflanzung tiefwurzelnder Holzarten wie Ulmen, Eschen, Erlen rc.) gegen Abschwemmen zu schützen. Sodann muß das Gefälle von Strecke zu Strecke gebrochen werden, indem man Querdämme oder Thalsperren in die Wasserrisse und Schluchten anlegt. Diese Dämme sind stark zu bauen, damit sie der Gewalt der Hochwässer mit Erfolg widerstehen, und es ist zu dem Zwecke zu empfehlen, den Dämmen keine zu große Höhe zu geben und Sohle und Wände durch Flechtwerk, nöthigenfalls durch Mauerwerk gehörig zu schützen.[2])

---

[1]) Hannoversches Land- und Forstwirthschaftliches Vereinsblatt, Hildesheim 1880. Nr. 21, S. 248.

[2]) Die speciellen Correctionsarbeiten übergehen wir, weil sie in das Fach der Wasserbaukunde greifen. Uebrigens hat der französische Oberforstmeister Demontzey sich mit diesen Arbeiten befaßt und in seinem Werke (Studien über die Arbeiten der Wiederbewaldung und Berasung der Gebirge. In's Deutsche

Es sollen diese Dämme nicht bloß zur Abschwächung der großen Unterwühlungskraft des reißenden Wassers, sondern auch als Schlammfänge für Festsetzung der Krume dienen. Nach Herstellung der Dämme besteht endlich eine weitere wichtige Arbeit, wie bereits schon oben angedeutet, noch darin, daß das sich vor den Dämmen ansammelnde Wasser durch Anlage von Gräben mit schwachem Gefälle in die Hänge geleitet wird, woselbst es in Gräben von horizontaler Richtung verläuft und möglichst gleichmäßig durch das Ueberlaufen das unterliegende Terrain bewässert.

Wir brauchen uns aber nicht nach Rinnsalen und Wildbächen umzusehen, wir bemerken schon an minder steilen Bergen, wie gewöhnliche Mulden und Wege zu Abschwemmungen führen und zu Gräben und Schluchten umgewandelt werden. Auch hier ist es angebracht, an verschiedenen paßlichen Stellen möglichst hoch oben beginnend, das Wasser abzufangen und durch Gräben in die Hänge zu vertheilen.

Beachtenswerth ist für den zum Austrocknen geneigten Boden (Muschelkalk) das Wasserleitungsverfahren des Gutsbesitzers Hoffmann in Streudach bei Eisfeld.[1]) Es gründet sich dasselbe auf ein System von Zuleitungs- und Sammelgräben. Zur Speisung der Zuleitungsgräben wird das innerhalb vorkommender Mulden in Wasserrissen und Schluchten zusammenlaufende Regenwasser durch kleinere oder größere Vorbaue aufgehalten und in die Zuleitungsgräben gelenkt. Diese letzteren erhalten von ihrer Einmündung

---

übersetzt von v. Seckendorff, Wien, 1880) darüber eine unterweisende Darstellung geliefert, sowie er darin seine weit reichenden Erfahrungen über die Aufforstungen und Berasungen in den Gebirgen Frankreichs niedergelegt hat. Demontzey hat seit mehr als 25 Jahren seine Thätigkeit jenem Specialgebiet „Aufforstung kahler Flächen" zugewendet und zwar in den verschiedensten Gegenden und unter sehr abweichenden lokalen Bedingungen, zudem erhielt derselbe für dieses Werk in Folge eines von der französischen Regierung ausgeschriebenen bezüglichen Konkurses den ersten Preis; wir können daher dasselbe bei größeren Wiederbewaldungs- und Berasungsarbeiten als Leitfaden bestens empfehlen.

[1]) Siehe „Die Aufforstung verödeter Muschelkalkberge" von v. Holleben. Leipzig, 1862, S. 27.

an einen Fall von mehreren Zollen, der sich bis auf einen Zoll nach und nach vermindert und weiterhin in horizontaler Richtung verläuft. Haben diese Gräben sich mit Wasser gefüllt, so wird letzteres schließlich überlaufen und ziemlich gleichmäßig über den darunterliegenden Boden sich verbreiten. Um das überfließende Wasser weiter zu benutzen, werden unterhalb der Zuleitungsgräben in beliebigen, nach dem möglichst größten Zulauf von Wasser zu bemessenden Entfernungen horizontal geführte Sammelgräben angelegt, die daß überschießende Wasser auffangen, und nachdem auch sie gefüllt, abermals überfließen.

Ferner ist eine wichtige Vorarbeit

Das Binden des losen und beweglichen Gebirgsbodens.

Wir haben oben die Bindung des Flugsandes beleuchtet. Dort treiben die Winde, hier die Wässer ihr Spiel mit dem Boden. Dort wird die Verbindungslosigkeit des Sandes, hier die Hanglage gefährlich. Dort wie hier ist der lose und bewegliche Boden der Beschirmung und Durchwurzelung beraubt. Wo im Gebirge der Boden nicht durch ebene Beschaffenheit vermöge seiner Schwere festgehalten wird, da kann nur noch die Vegetation mit ihrem pfleglichen Einfluß Hilfe leisten. Wenn aber schon der Boden aufgerissen, gelockert und Erde und Vegetation abgespült worden ist, so hält es schwer in dem verbliebenen beweglichen Gebirgsschutt (Schutthalden) festen Fuß zu fassen; es sind dann alle Gewächse, welche zur Bodenbefestigung beitragen und Schatten gewähren, willkommen und sorgfältig zu schonen. Der erste Schritt zur Bindung des Bodens muß die Bildung einer Grasnarbe sein, denn diese befestigt bei Ruhe (von Weide kann bei solchen Verhältnissen unbedingt keine Rede sein) den Boden und macht denselben für den Holzanbau nach und nach empfänglich. Man nimmt zunächst seine Zuflucht zum Anbau kräftiger und raschwüchsiger Gräser.

Am besten eignen sich zu diesem Zweck: das nördliche und weiche Honiggras, die aufrechte Trespe, der hohe Wiesenhafer oder Glatthafer, der Schwingel, die Quecke, das Hain-Rispengras, das Reithgras, die Bibernelle, die

Drath- und graue Schmiele, das Sand-Rohr, das Sand-Haargras, das Riedgras ꝛc.

In den französischen Niederalpen hat der Anbau mit Esparsette glänzende Resultate zu Tage gefördert. Die Esparsette verschwindet jedoch nach 3—4 Jahren, sobald sie sich nicht durch Samen verjüngt, und sie ist daher da, wo eine länger andauernde Beschirmung nöthig ist, nicht zu empfehlen.

Da das Erdreich seiner Beweglichkeit wegen nicht aufgeworfen werden darf, so geschieht die Aussaat ohne irgend eine Bodenbearbeitung breitwürfig über die ganze Fläche mit etwa 50 bis 60 kg pro ha. Demontzey ist für ein Gemenge von 4/5 Esparsettesamen und 1/5 anderer Grassamen bei einer Verwendung von 100 kg pro ha, sowie für Saat in horizontalen, 1—2 m entfernten Furchen von 10—12 cm Breite und 10 cm Tiefe, welche, wie Demontzey behauptet, mit der Zeit lebende Hecken bilden und sowohl den beweglichen Boden festhalten, als auch die Geschwindigkeit der abstürzenden Wässer hemmen.

Hat sich eine Grasnarbe gebildet, so ist der Anbau solcher Holzarten angebracht, deren Wurzel-Verzweigungen das Erdreich noch besonders festhalten, als: Wachholder, Hasel, Sanddorn, Sauerdorn, Blasenstrauch, Akazie, Salweide, Aspe, Weißerle, Schwarzdorn, Pappel, Eberesche, Birke, Krummholzkiefer ꝛc.

Um eine Verwundung des Bodens zu vermeiden, empfiehlt es sich, die strauchartigen Gewächse (thunlichst zugleich mit der Aussaat des Grassamens) parcellenweise, wenn thunlich mit Anwendung des Rechens, zu säen, die baumartigen Gewächse aber 1—2jährig mit Anwendung des Keilspatens in 2 m entfernten horizontalen Reihen, 1 m weit, zu pflanzen. Es wird empfohlen, die ausschlagsfähigen Schutzhölzer nach 2 bis 3 Jahren auf die Wurzel zu setzen (Judeich).

Sobald die Bodenfestigkeit zugenommen hat und die angebauten Holzgewächse angemessenen Schatten gewähren, so schreitet man zum Anbau edlerer Holzarten. Bei der Wahl dieser muß man auf die Wurzelbildung sehen und solche bestimmen, welche mit einer Pfahl- oder starken Herzwurzel tief in den Boden einzudringen und denselben zu halten und weiter zu befestigen vermögen, wie Eiche, Kiefer, Tanne, Lärche &c. Man besetze damit zunächst diejenigen Absätze und Vertiefungen, welchen noch Erde und Vegetation verblieben ist. Man pflanze sie gleichfalls 1 bis 2jährig, 1 m weit, in die Mitte der horizontal gelegten Schutzreihen mit dem Keilspaten (in Löcher, Streifen oder sonstwie). Auf Flächen, welche der Rasen überdeckt, steche man zuvor mit dem Hohlbohrer (auch das Neidhardt'sche Stoßeisen kann angebracht sein) den Boden der Pflanzstelle um. Wo man wegen zu flacher Erdkrume Hohlbohrer und Keilspaten nicht anwenden kann und zur gewöhnlichen Löcherpflanzung mit der Pflanzhacke schreiten muß, da übergehe man alle nackten Stellen und mache vorläufig nur inmitten der vorhandenen Grasnarbe und des Busch- und Strauchwerks mit der Hacke ein möglichst kleines Loch, fülle dieses mit lockerer Erde (eine gut präparirte Pflanzerde darf nicht fehlen), pflanze darin mit der Hand das Pflänzchen und, ohne die Pflanzerde derb anzudrücken, umlege man dasselbe mit Rasen, Steine &c. In einem solchen Falle muß man denn auch zu Holzarten greifen, deren Wurzelbau nur aus Seitenwurzeln gebildet wird, die mehr oder weniger flach sich in der Bodenoberfläche bewegen, wie Buche, Hainbuche und besonders Fichte.

Jedenfalls verhüte man bei der Cultur ein Zerreißen des Bodens und überlasse der Natur ein gehöriges Stück Arbeit.

Nach der mineralischen und physischen Beschaffenheit des Bodens sind mitunter schwierig anzubauen

Die Sandberge.

Wir haben zwar mit dem Sandboden in den Bergen nicht solche Plagen, wie in der Ebene; allein die dürren Süd- und Westhänge machen doch viel zu schaffen.

Die Sandberge, hauptsächlich aus Buntsandstein und Vogesensandstein bestehend, haben thonige und sandige Schichten, letztere bald vom feinerem, bald von gröberem Korn mit einem thonigem Bindemittel, auch Quarzgerölle. Wir finden gewöhnlich im Thale tiefgründigen bindungslosen Sand, am Abhange lehmigen Sand, je nach der Verwitterung des Felses mehr oder weniger tiefgründig, und auf der Hochebene flachgründigen Lehm, auch zuweilen Thon.

Der Lehmboden macht dem Holzanbau keine Schwierigkeiten. Ist er zu thonhaltig, so muß der Vernässung durch die Dammcultur entgegen getreten werden, wie oben behandelt.

Der Sandboden wird aber durch die Lichtstellung, zumal an Südhängen, schnell ausgesogen, trocken und mager. Die starke Verdunstung gibt dem Boden das Garaus; seine leichte Erwärmungsfähigkeit hilft dazu. Neben der luftförmigen Entweichung des Humus und der Feuchtigkeit befördert noch das rasche Hinabsinken der atmosphärischen Niederschläge in die Tiefe des Bodens dieses Uebel.

Dagegen treffen wir in den Sandbergen außerordentlich günstige Bodenverhältnisse unter dichtem Buchenschirm. Es muß daher unser Augenmerk auf die Buche gerichtet sein. Auch die Eiche gedeiht, in Buchenbeständen eingesprengt, sehr gut, und sie kann daher der Buche beigesellt werden. Ebenso zeigt die Tanne in Mischung mit der Buche guten Wuchs. Die Fichte ist wenigstens an den Südhängen weniger an ihrem Platz, weil sie durch ihre starke oberflächliche Wurzelverzweigung den an und für sich schon trocknen Boden zu sehr die Feuchtigkeit entzieht. Die Kiefer ist die einzige Holzart, welche bei längerer Freilage und Verwilderung, namentlich an Südhängen, noch ersprießliches Gedeihen zu finden vermag und den Boden für edlere Holzarten wieder empfänglich macht. Mit Kiefer beginnen wir denn auch den Anbau auf den gering erzeugungkräftigen Standorten. Die Pflanzung geschieht auf vorgerichteten Plätzen oder Streifen mit Anwendung des Keilspatens.

Sobald die Lichtstellung im jungen Kiefernbestande beginnt, erfolgt der Unterbau, und zwar entweder mit der Buche und Eiche in dem Verhältniß 2 : 1, oder mit der Buche, Eiche und Tanne in wechselständigen Reihen. In der Oberförsterei Lützelstein-Süd sind uns mit letzteren Holzarten unter Kiefern auf vormals verödeten Südhängen Saaten vorzüglich gelungen, im Großen und Ganzen haben uns aber Pflanzungen größere Sicherheit gewährt, auch zwingt die Seltenheit der Samenjahre zur Pflanzung; diese ist nach Wegnahme des Mooses in den lockeren Boden leicht zu beschaffen.

Ist der Boden so arm, daß voraussichtlich die vorbezeichneten Holzarten nicht gedeihen, so unterpflanze man die Kiefern mit Fichten, nur muß bei dieser Holzart eine stärkere Lichtstellung stattfinden.

In den Weinbaugegenden auf tiefgründigem lehmigem Sandboden ꝛc. rentirt sich der Kastanienanbau sehr gut. Im Elsaß findet sich die Kastanie in allen Lagen, besonders auf Süd- und Nordseiten in einer Höhe von 250—500 m; sie gedeiht übrigens am besten in Ostlagen, am wenigsten in Forstlagen, liebt vielmehr ein mildes, warmes und feuchtes Klima (ihre eigentliche Heimat ist Klein-Asien). Im Ganzen ist sie sehr genügsam, macht namentlich geringe Ansprüche an den Boden, und gedeiht an den feuchten Nordseiten selbst da noch an Orten, wo die Kiefer verkümmert. Sie ist mit der Kiefer als Bodenschutzholz geeignet, jedenfalls wird unter der Beschirmung dieser Holzart, namentlich auf mageren Standorten, ihr Anbau erleichtert. Man pflanzt sie 1 und 2 jährig in 1,20 bis 1,60 m Quadrat, und setzt sie später (nach dem 6 Jahre) in entsprechender Stärke auf den Stock.

Auf den mageren Bodenpartien wird der Kastanie (horstweise) die Akazie beigemischt. Wiederum zeigt sich die Kastanie in den Eichen-Schälwalds-Anlagen platzweise auf frischen Standorten ergiebig.

Schwer aufzuforsten sind

die Kalkberge.

Greve[1]) sagte: „Die Kraft und die Ertragsfähigkeit des Kalkbodens kann durch ununterbrochene Bewaldung unglaublich erhöhet, durch Entwaldung aber in gleichem Maße geschwächt, ja ganz vernichtet werden". Nachdem v. Holleben[2]) voranstellt: „daß kalkhaltige Bodenarten, wenn einmal verödet, vermöge der schnelleren Verdünstung des Wassers, dem Holzanbau aus freier Hand weit entschiedener und dauernder widerstreben als jede andere", sagte er zum Beweise: „wir finden Beispiele, wo mehre

[1]) Gebirgskunde, Bodenkunde und Klimalehre ꝛc. Eisenach, 1858. S. 149.

[2]) Die Aufforstung verödeter Muschelkalkberge. Leipzig, 1862. S. 21.

Förster nach einander ihre Lebenszeit daran gewendet haben, ohne in dem einmal verwilderten Kalkboden die ursprüngliche Bodenkraft wieder wecken und erzielen zu können". Knorr[1]) bemerkt dazu: „Rasche Zerstörung, zumal Verflüchtigung des Humus oder starke Graswüchsigkeit, die aber bei Mangel an Beschattung bald schwindet, breiartiges Aufweichen im Schnee- und Regenwasser, sehr starkes Auffrieren, dann rasche Wasserverdunstung und tiefes Aufreißen und Ausdörren und auf kleinen Blößen um sich greifende Brandstellenbildung, das sind mächtige Hindernisse der Wiedercultur".

Die richtige Wahl der anzubauenden Holzarten steht in erster Linie. v. Holleben sagt in seiner Schrift: „Das Ideal eines Waldes im Muschelkalkgebirge ist der Laub-, insbesondere der Buchenwald, und zwar weil die beiden Hauptfaktoren gedeihlicher Zustände, Boden und Holzarten, sich gegenseitig am reichlichsten gewähren, was beide am meisten bedürfen: Schatten und Nahrung". Aus Rentabilitäts-Rücksichten entscheidet sich derselbe jedoch für den Anbau von Nadelholz, und zwar zunächst als Schattenpflanze für die Fichte. Sodann empfiehlt er als Beimischung die Lärche, hauptsächlich deßhalb, weil sie genügsam ist, weil sie besonders in der Jugend schnell wächst, weil sie vermöge ihrer lockeren Belaubung der Fichte durch Ueberschirmung weniger schädlich wird, und weil sie als die einzige sommergrüne Nadelholzart mehr als jede andere durch den jährlichen sich wiederholenden und deßhalb vermehrten Nadelabwurf zur Humusbildung und Bodenverbesserung beiträgt.

In Höhenlagen und an Nord- und Osthängen wollen wir dem beipflichten, aber in niederen Lagen und besonders an Südhängen trifft hier bezüglich der Fichte dasselbe zu, was wir darüber auf Sandbergen hervorgehoben haben, und bezüglich der Lärche stehen uns nur beklagenswerthe Erfahrungen zur Hand.

Ueber die Kiefer spricht v. Holleben wenig günstig. Er bemerkt: „Das leichtere Aufkommen von Kiefernsaaten auf verödetem Muschelkalkboden bei entsprechender Behand-

---

[1]) Aus forstlicher Therorie und Praxis. Berlin, 1878. S. 90

lung und das anscheinend freudigere Wachsthum dieser Holzart in der Jugend haben vielfältig zu der Ansicht verleitet, als empfehle sich der Anbau der Kiefer vorzugsweise vor dem jeder anderen Holzart; allein nach den neuerdings von uns gemachten Erfahrungen fühlen wir uns mehr als je zuvor geneigt, dieser Ansicht, als einer trügerischen, entgegen zu treten".

Wie wir schon klargestellt haben, können wir zwar die Kiefer nicht dauernd als eine die Humuserzeugung fördernde und überhaupt den Boden kräftigende Holzart ansehen, aber aus den unter „Sandbergen" angeführten Gründen müssen wir auch hier deren Anbau auf mageren Standortsverhältnissen vorübergehend, und zwar lediglich als Mittel zum Zweck empfehlen.

Dem pflichtet Forstrath Dorrer in Stuttgart[1]) bei, indem er bemerkt: „Bei der Aufforstung von Blößen in den Thalgehängen oder eigentlichen Juraböden an den Süd-, Südwest- und Westhängen wird zunächst die Forche anzubauen und die Buche erst später, wenn die Forche den Boden gedeckt hat, einzubringen sein. Auch Burckhardt stimmt hiermit überein, der in seiner vortrefflichen Schrift „Säen und Pflanzen" sagt: „Den verödeten Kalkhang deckt man zunächst mit Kiefernbestand; ist dieses erreicht, so ist die nachherige Buchenzucht gewonnenes Spiel".

Dorrer bemerkt noch ganz nach unserer Ansicht: „Die Forche hat eine vorübergehende Bestimmung als Boden- und Bestandesschutz- oder Treibholz, die Buche wird den bleibenden Bestand bilden. Die Eiche und andere Laubhölzer sollen hierdurch, da wo sie nach den Bodenverhältnissen fortkommen können, selbstverständlich nicht ausgeschlossen sein. Zur Einzeleinmischung in Buchenschläge sind von Nadelhölzern nur die Forche und Lärche passend, welche sich auf das beste mit dem Laubholze vertragen; im übrigen sollten Buchen einerseits und Tannen oder Fichten anderseits stets wenigstens horstweise getrennt bleiben."

Wir dürfen nicht übersehen, daß die Kalkberge ur-

---

[1]) „Ueber die Wahl der Holzarten im Gebiete der schwäbischen Alb" in der Monatsschrift für das Forst- und Jagdwesen von Bauer, September- und Oktoberheft, 1873. S. 436.

sprünglich der Buche angehörten, daß sie die eigentliche Heimat der Buche bilden. In der Waldwirthschaft handeln wir nicht speculativ, wenn wir nicht zugleich conservativ sind. Mag der Privatmann sich durch den augenblicklichen Gewinn blenden lassen, der Staat darf dieses niemals. Die Waldwirthschaft verlangt weitergehende Gesichtspunkte, insbesondere muß die Hebung der Bodenkraft in erster Linie stehen. Tragen wir dafür durch die Buchenzucht Sorge, so wird auch durch zweckmäßige Einmischung die einträgliche Nutzholzzucht dauernd ersprießliches Feld finden. Wir müssen uns um so mehr von diesem Gesichtspunkte leiten lassen, da ohnehin schon in diesem Jahrhundert über Gebühr die Buche von der Fichte verdrängt worden ist. [1])

Die Culturweise ist wie auf Sandbergen, nur kommt in den flachgründigen, steinigen Kalkböden die Bodenbereitung, das Beitragen von Füllerde ꝛc., was wir bereits unter Regulirung der Bergwässer und Binden des Bodens beleuchtet haben, mehr in Frage.

Schließlich wollen wir noch in Betracht ziehen

die Höhenlagen.

Wie schwierig auf verödeten Höhenlagen die Aufforstung durch das rauhe Klima ist, haben wir bereits angedeutet. In einer interessanten Beschreibung des Forstbezirks Herrenwies (Schwarzwald) sagt darüber Roth: [2]) „Völlig schutzlos und sonach allen Einwirkungen der vollständen Hoch- und Freilage preisgegeben sind die zum Theil ziemlich breiten Kuppen und Rücken der äußersten Höhen (1116 bis **1174** m über der Meeresfläche). Diese Einwirkungen sind hier von einer solchen Heftigkeit, wie sie in dieser Höhenlage wol selten angetroffen wird. Die sonst so üppig wuchernde Heide vegetirt nur kümmerlich auf diesen fast kahlen Höhen und vermag sich kaum wenige Zolle über

[1]) Lese den Aufsatz von Seidensticker, „Waldmetamorphosen und historische Betrachtungen über die Vertauschung der Buche mit der Fichte im hannoverschen Fürstenthum Calenberg", in dem Suppl. zur Allg. Forst- und Jagd-Zeitung, I. Bd. 1858, S. 1—34.

[2]) Forstliche Mittheilungen aus Baden, 1. Heft, Karlsruhe, 1857, S. 21.

dem Boden zu erheben. Mehrfältige Culturversuche der Neuzeit auf den geschütztesten Punkten mittelst Fichtenplattensaat und Pflanzung erlagen nach einander in 2 und 3 Jahren und sind, wo sie sich erhalten haben, so kümmerlich, daß ihr völliger Abgang vorauszusehen ist. Diese Höhen wurden daher als ertraglos und wenigstens für jetzt des Anbaues unwerth ausgeschieden ꝛc. [1])

---

[1]) Ein schreckliches Bild der Waldverwüstung, wie wir gottlob in Deutschland nicht aufzuweisen haben, wird von dem adriatischen Süden Oesterreich-Ungarns geschildert. Freiherr Schilling (Allg. Forst- und Jagd-Zeitung, Juni und Juliheft 1880.) berichtet über eine dort vom 7. bis 10. Septb. 1879 getagte Karst-Wanderversammlung dreier Forstvereine, in der zunächst der zeitliche Präsident Wessely wie folgt redet:

„Der adriatische Süden Oesterreich-Ungarns hat ein Gebiet von 582 Meilen, von welchen 429 Meilen, also 4/5, verkarstungsfähig und mehr als die Hälfte dieser gefährlichen Strecken, das ist volle 200 Meilen, bereits vollendete Steinwüste geworden sind.

„Nicht nur 290 Meilen Productivbodens, welche wenigstens 1 1/4 Millionen fleißiger Menschen zu ernähren vermöchten, sind auf diese Weise dem Staate und der Wirthschaft des Volkes verloren gegangen, sondern diese Wüsten haben die Situation der Provinzen, denen sie angehören, auch so verschlimmert, daß die vornehmste derselben, das Königreich Dalmatien, trotz italienischen Klimas, theilweise blühend gartenartiger Strecken und sehr entwickelter Seeschifffahrt nicht nur zu den allgemeinen Staatsausgaben Nichts mehr beizutragen vermag, sondern sogar 1 1/2 Millionen Gulden jährlich aus der Tasche der wohlbestellten Schwesterprovinzen entnehmen muß, um seine eigenen spezifischen Landeskosten decken zu können.

„Die Verödung ist noch im steten Fortschreiten begriffen, und bei der jährlichen Vergrößerung der Karst-Wüstenei um 2 1/3 Meilen, wird innerhalb der nächsten 60 Jahre auch noch der Rest von 139 Meilen verkarstungsfähigen Bodens dem Wüstendämon unterlegen sein und damit 582 □ Meilen in ödes Steinland umgewandelt, aus dem Leibe der hehren Austria-Hungaria herausgeschnitten sein; wenn dem Uebel nicht endlich, endlich doch ein entscheidendes Halt geboten wird.

„Und dies ist eine Nothwendigkeit! Unabänderlich im Karstgebiet ist gar Nichts, als die Gefährlichkeit des Standortes; Unverstand und Rücksichtslosigkeit der Menschen, die stets den

Wir weisen, um Wiederholungen zu vermeiden, auf diejenigen Maßregeln hin, welche wir unter „Regulirung der Bergwässer" und „Binden des losen und beweglichen Gebirgsbodens" ertheilt haben, da dieselben auch hier je nach den Ortsverhältnissen ganz oder theilweise Anwendung finden können. Hier muß man gegen die Uebel der Hochlagen, besonders gegen die rauhen Winde ankämpfen. Es ist daher Schutzbestand ein dringendes Bedürfniß, Graszwischenbau in den ersten Jahren der Anzucht das wirksamste Schutzmittel. Beides schirmt gegen Abfrieren, rauhe Winde, Bodentrockniß 2c., bzw. schwächt es die schädlichen Wirkungen der meteorologischen Einflüsse ab.

Je nach den klimatischen Verhältnissen sind Kiefer, Lärche, Krummholzkiefer, Weißerle, Birke, Weiden, Aspen 2c. die gewöhnlichen Schutzhölzer, sowie Wachholder, Vogelbeere, Mehlbeere und sonstiges Strauch- und Buschwerk als schützender Beistand nützen; während Fichte, Zirbel-

---

nächsten Vortheil nur im Auge haben, sind die Schuld an allem Unheil.

„Es ist das einschneidendste volks- und staatswirthschaftliche Culturproblem, zunächst der weiteren Verkarstung ein Ziel zu setzen und dann die Wiedercultur zu vollziehen.

„Die Regierungen, Volksvertretungen und Völker selbst müssen sich erwärmen zur Beantwortung der großen Frage."

Mit der Mahnung, die Sünden unserer Vorfahren im Karste wieder gut zu machen, zieht Redner zum Schluß die Parallele, Frankreich habe auch gesündigt, arbeite aber nun erfolgreich mit eminenten Mitteln.

Es erhält Regierungsrath Prof. Dr. von Seckendorf das Wort. Dieser macht auf die Culturmethode zur Aufforstung steiler Hänge, die Kordonpflanzung, System Conturier, aufmerksam (Demontzey S. 232). In einem horizontal bearbeiteten bzw. verbesserten Bodenstreifen werden am unteren Rande die sog. Kordonpflanzen aus Laubholz, nämlich Akazien, Weißdorn, Ulme, Ahorn, Hasel, Weide untergebracht, Futterpflanzen binden die oben gelegene Fläche des Culturstreifens und im 4. Jahre werden dann im oberen Drittel die bestandesbildenden Nadelholzpflanzen, Schwarz- und Weißkiefer in einer Reihe nachgesetzt. Zwischen den Culturstreifen bleiben unbearbeitete Flächen von derselben Breite. Schließlich theilt derselbe die großartigen Aufforstungsarbeiten in Frankreich mit.

kiefer und zugleich Lärche und Krummholzkiefer als bestandesbildende Holzarten auftreten.

Kann die Kiefer gedeihen (was übrigens in den Höhenlagen selten anzunehmen ist), so wird dieselbe als Vollbestand angezogen und erst nach ihrer Lichtstellung mit der Fichte unterbaut.

Soweit die Fichte als bestandesbildende Holzart in den höheren Lagen Gedeihen verspricht, ist dieser die Lärche als Schutzholz beizugeben, der Art, daß die Lärche in Reihen von 4 bis 5 m Abstand zu Schutzwänden für die später einzupflanzende Fichte, oder mit dieser in wechselständigen Reihen angezogen wird.

Soll die Lärche den Grundbestand bilden, so kann dieser die Krummholzkiefer als wohlthätiges Deck- und Schutzholz dienen.

Für die Zirbelkiefer ist die Lärche und Krummholzkiefer zu empfehlen. In den höheren Lagen beschränkt sich die Bestandeserziehung nur noch auf die Krummholzkiefer.

Schließlich wollen wir nochmals hervorheben, daß man nicht an exponirten Stellen beginnen darf, sondern daß man von den Bestandesrändern unter dem Schutze der bereits vorhandenen Bestockung ausgehen und Schritt vor Schritt vorwärts schreiten muß.

Druckfehler.

Seite 19	Zeile 2	von	oben	statt	Liegenschen lies Lingenschen.
„ 21	„ 4	„	„	„	gebrauch lies verbrauch.
„ 23	„ 11	„	„	„	liegt lies liegen.
„ 24	„ 23	„	„	„	146340000 lies 146343900.
„ 24	„ 27	„	„	„	welchem der lies welcher dem.
„ 24	„ 30	„	„	„	548 lies 688.
„ 24	„ 31	„	„	„	23½ lies 29½.
„ 31	„ 19	„	„	hinter	Regel kein Komma.
„ 32	„ 6	„	unten	statt	Derastation lies Devastation.
„ 34	„ 7	„	„	„	daß lies das.
„ 43	„ 9	„	„	„	wieder lies wider.
„ 46	„ 13	„	„	„	Lünneburgischen lies Lüneburgischen.
„ 57	„ 11	„	oben	„	habe lies hat.
„ 57	„ 11	„	„	„	welchen lies welchem.
„ 64	„ 8	„	„	„	seidem lies seitdem.
„ 66	„ 20	„	„	vor	ist kein Komma.
„ 68	„ 16	„	„	„	„ausmärzen“ einzuschalten: „die Mängel.“
„ 68	„ 21	„	„	statt	Loosung lies Losung.
„ 71	„ 12	„	unten	vor	genossen kein Komma.
„ 75	„ 7	„	„	statt	anzusprechen lies anzutreffen.
„ 94	„ 9	„	oben	„	Amorisation lies Amortisation.
„ 100	„ 9	„	unten	„	Oberförstere lies Oberförsterei.
„ 113	„ 16	„	oben	hinter	„wird“ ein Komma.
„ 115	„ 4	„	„	„	„Boden“ ein Komma.
„ 116	„ 12	„	„	statt	Stellenweise lies stellenweise.
„ 116	„ 17	„	„	„	gutem mildem lies guten milden
„ 118	„ 4	„	unten	„	mit einer streifenweisen lies auf eine streifenweise.
„ 120	„ 4	„	oben	statt	wurden lies wurde.
„ 120	„ 13	„	„	hinter	um, einzuschalten ein.
„ 123	„ 3	„	„	statt	dieselbe lies die Pflanzung.
„ 126	„ 20	„	unten	„	übern lies überm.
„ 136	„ 10	„	oben	„	daß lies das.
„ 136	„ 10	„	„	hinter	auffangen kein Komma.
„ 136	„ 11	„	„	„	und ein Komma.
„ 137	„ 19	„	„	statt	Geschwindigleit l. Geschwindigkeit
„ 139	„ 15	„	unten	hinter	Mit einzuschalten der.
„ 141	„ 21	„	oben	statt	empflehlt lies empfiehlt.
„ 143	„ 25	„	„	„	vollständen lies vollständigen.
„ 144	„ 8	„	„	hinter	wir einzuschalten es.

FSC
www.fsc.org
MIX
Papier | Fördert
gute Waldnutzung
FSC® C083411

Zeitfracht Medien GmbH
Ferdinand-Jühlke-Straße 7
99095 Erfurt, Deutschland
produktsicherheit@kolibri360.de